Mahfuzul Alam Molla

Implementação de um autocarro verde - movido a energia solar, eólica e pressão dos pés

Mahfuzul Alam Molla

Implementação de um autocarro verde - movido a energia solar, eólica e pressão dos pés

ScienciaScripts

Imprint
Any brand names and product names mentioned in this book are subject to trademark, brand or patent protection and are trademarks or registered trademarks of their respective holders. The use of brand names, product names, common names, trade names, product descriptions etc. even without a particular marking in this work is in no way to be construed to mean that such names may be regarded as unrestricted in respect of trademark and brand protection legislation and could thus be used by anyone.

Cover image: www.ingimage.com

This book is a translation from the original published under ISBN 978-620-2-07687-6.

Publisher:
Sciencia Scripts
is a trademark of
Dodo Books Indian Ocean Ltd. and OmniScriptum S.R.L publishing group

120 High Road, East Finchley, London, N2 9ED, United Kingdom
Str. Armeneasca 28/1, office 1, Chisinau MD-2012, Republic of Moldova, Europe
Printed at: see last page
ISBN: 978-620-7-94616-7

ÍNDICE

RECONHECIMENTO

No início, gostaríamos de expressar a nossa mais sincera gratidão a Deus Todo-Poderoso pelas Suas bênçãos celestiais. Sem as suas bênçãos, não seria possível concluir o nosso projeto com êxito.

Gostaríamos de expressar a nossa maior gratidão às pessoas que nos ajudaram e apoiaram ao longo deste projeto. Em primeiro lugar, gostaríamos de agradecer ao nosso honrado supervisor, Nuzat Nuary Alam, Professor Assistente, Departamento de EEE, Faculdade de Engenharia, American International University-Bangladesh (AIUB), por nos ter dado um enorme apoio, conselhos e orientações valiosas relativamente a este projeto.

Estamos gratos ao nosso respeitado supervisor externo Chowdhury Akram Hossain, Professor Assistente da Faculdade de Engenharia da American International University-Bangladesh, por nos ter dado sugestões e conselhos inestimáveis para uma maior extensão deste projeto.

Estamos gratos ao Prof. Dr. ABM Siddique Hossain, Reitor da Faculdade de Engenharia da Universidade Internacional Americana do Bangladesh (AIUB) pelo seu encorajamento e apoio vitais. Gostaríamos de agradecer à Dra. Carmen Z. Lamagna, honorável Vice-Chanceler da American International University-Bangladesh (AIUB), que excecionalmente inspirou o nosso crescimento como estudante.

Por último, mas não menos importante, gostaríamos de agradecer à nossa família e amigos pelo seu valioso apoio para a realização deste projeto.

1. Molla, Mahfuzul Alam

RESUMO

Nesta era moderna, as pessoas tornaram-se tão dependentes do transporte motorizado que querem ter o seu modo de transporte privado para a conveniência das suas deslocações frequentes. De acordo com estatísticas recentes, verifica-se que, atualmente, quase 2,7 milhões de veículos circulam sozinhos nas estradas do Bangladesh e cerca de 2,4 milhões são do tipo de veículos utilizados para fins pessoais. Por conseguinte, o engarrafamento de trânsito torna-se um fenómeno habitual. Devido ao grande número de veículos em circulação, o consumo de combustível é muito elevado e, com exceção do gás, a maior parte dos outros combustíveis (octanas, gasolina, gasóleo, etc.) são importados do estrangeiro. O Bangladesh, um país dependente das importações, com esta elevada procura de combustível, está agora a registar perdas. Além disso, a queima destes combustíveis provoca uma enorme quantidade de emissões de dióxido de carbono (CO_2), o que provoca o efeito de estufa. No entanto, o governo do Bangladesh tomou a iniciativa de desencorajar as pessoas de trazerem o carro para a rua, aplicando impostos sobre os preços dos veículos a motor e do combustível. Neste projeto, é proposta a ideia de um sistema de autocarros ecológicos que pode ser uma ajuda notável para as recentes condições de tráfego. Neste sentido, é implementado um protótipo de um sistema de autocarro ecológico onde são utilizados recursos como o vento, a energia solar e o gerador piezoelétrico. Todos os recursos utilizados neste projeto estão disponíveis em abundância e também emitem zero CO_2 . Assim, minimiza não só a elevada procura de combustível importado, mas também a poluição atmosférica. Ao garantir serviços de alta qualidade neste sistema de autocarros ecológicos, para atrair um grande número de utilizadores de automóveis a mudar para os transportes públicos, este projeto também pode ajudar a minimizar o engarrafamento na estrada.

Capítulo 1

Introdução

1.1. Introdução

1.1.1. O que é a tecnologia verde?

A tecnologia verde é a tecnologia que tem um objetivo "verde". É amiga do ambiente, não perturba o nosso ambiente e conserva os recursos naturais. A tecnologia verde é também designada por tecnologia ambiental ou tecnologia limpa. Baseando-se na disponibilidade de fontes alternativas de energia, também reduz o aquecimento global e o efeito de estufa. Causa menos danos à saúde humana, animal e vegetal, além de melhorar a limpeza. Atualmente, tanto os países desenvolvidos como os países em desenvolvimento estão a recorrer à tecnologia verde para proteger o ambiente dos impactos negativos. Os tipos de tecnologia verde vão desde tarefas muito simples que podem ser realizadas em casa até sistemas altamente especializados; um deles é o Veículo Verde[1].

1.1.2. O que é um veículo ecológico?

Um veículo ecológico ou amigo do ambiente é um veículo rodoviário a motor que produz um impacto menos nocivo para a sociedade e o ambiente do que os veículos convencionais comparáveis com motor de combustão interna que funcionam a gasolina ou gasóleo ou que utilizam determinados combustíveis alternativos. Os principais fabricantes de automóveis procuram assumir a liderança nos futuros mercados de veículos ecológicos. Os "veículos verdes", como se verá, utilizam diretamente fontes de energia renováveis[2].

1.1.3. Porquê um veículo ecológico?

O Bangladesh é um país em desenvolvimento com 123 milhões de habitantes que vivem numa área de 147 570 km2 . Nos últimos anos, o transporte rodoviário tornou-se o modo mais dominante no transporte de passageiros e de mercadorias. Assim, os engarrafamentos tornaram-se uma experiência provável da vida citadina moderna. Daca, a capital, é uma das cidades metropolitanas em rápido crescimento e representa uma grande parte do total de engarrafamentos de todo o país. Em 1997, o desperdício económico anual a nível nacional provocado pelo engarrafamento era de 75 milhões de dólares [3]. E agora, no ano de 2016, o desperdício será definitivamente maior. O número crescente de veículos motorizados é a questão dominante por detrás deste engarrafamento alarmante. É natural que um maior número de veículos provoque uma maior procura de combustível. Desde há alguns anos, a procura de combustível tem sido transferida principalmente para o gás natural, devido à sua abundância no Bangladesh, embora a venda de petróleo tenha aumentado 1,23% nos últimos cinco anos (2011-2015). A importância do gás natural é também muito elevada devido ao seu consumo interno nos sectores da energia, dos fertilizantes e dos transportes. Este projeto propõe a ideia de minimizar a procura de combustíveis fósseis e de combustível no sistema de transportes através da incorporação de recursos alternativos, tais como as energias renováveis. O objetivo deste projeto é conceber um protótipo de veículo que funcione com a eletricidade gerada pelo vento, pela energia solar e pela pressão das plantas humanas.

1.2. Antecedentes históricos

Os automóveis eléctricos apareceram pela primeira vez no final do século XIX e, durante algum tempo, foram produzidos em maior número do que os veículos movidos por motores de combustão interna. No entanto, com os avanços na tecnologia dos motores de combustão interna, os carros movidos a bateria caíram em desuso. De um ponto de vista prático, as baterias não podiam e ainda não podem competir com a gasolina como fonte de energia para veículos por muitas razões. As baterias têm problemas de durabilidade; os seus ciclos de vida são limitados e têm de ser substituídas após um número limitado de ciclos de carga. Estas são apenas algumas das vantagens da gasolina em relação às baterias. Uma discussão mais pormenorizada pode ser encontrada em McNicol e Rand (1984) [4]. Existe também um pequeno mas crescente número de veículos eléctricos (VE), disponíveis em todo o mundo. Prevê-se que a disponibilidade de VEs continue a aumentar num futuro próximo, à medida que empresas automóveis como a General Motors, a Tesla Motors, a ZENN Motors, etc., se esforçam por oferecer às pessoas a oportunidade de adquirirem automóveis eléctricos economicamente competitivos.

1.2.1. Investigação anterior

Colocou-se a questão de saber de onde virá a energia que carregará estes automóveis. Foi realizado um estudo de caso na província canadiana de Ontário. São consideradas, especificamente, a energia eólica e a energia solar. Ontário, mais concretamente na cidade de Guelph. São consideradas duas abordagens diferentes para o fornecimento de energia renovável para carregar carros eléctricos. Em ambos os casos, é utilizado um automóvel de série (o Chevrolet Volt) como veículo a carregar, a fim de manter a coerência. A primeira abordagem assume que a energia para carregar o carro é fornecida por centrais de energia renovável distribuídas localizadas em toda a província e entregues através da rede eléctrica provincial. A Figura 1 contém um diagrama que mostra o fluxo de energia das fontes renováveis para a bateria de um VE. Alternativamente, um VE poderia ser carregado a partir de um sistema isolado fora da rede alimentado por energia renovável. Uma possível configuração de tal sistema, e o fluxo de energia através dele, são mostrados na figura 2. A energia é derivada de uma fonte renovável, como a solar ou a eólica. Se for utilizada uma turbina eólica, um gerador converterá a energia em eletricidade (se for utilizada energia solar, não é necessário um gerador). A eletrónica de potência no local (como um transformador, um retificador e um inversor) é utilizada para converter a energia numa forma fiável e utilizável pelo veículo. O diagrama de fluxo de ambas as abordagens é apresentado na figura [1.1]

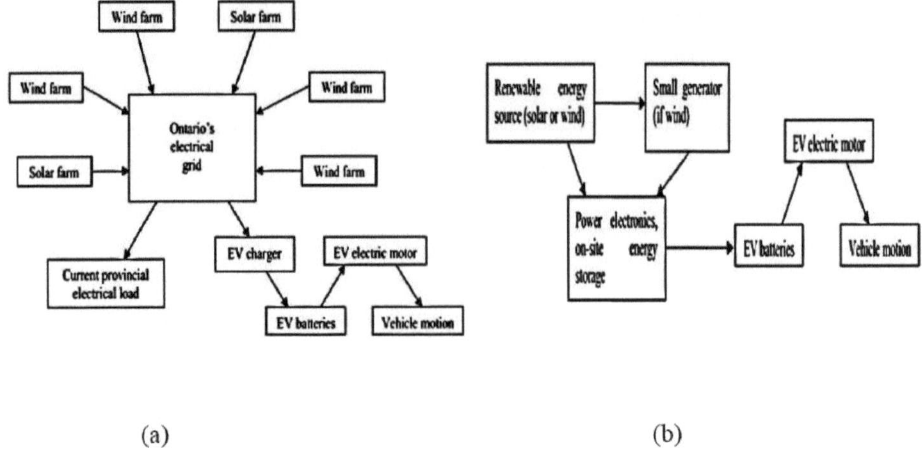

(a) (b)

Figura 1.1: (a) Fluxo de energia de fontes renováveis para carregar um ou mais VEs através da rede eléctrica [5]; (b) Fluxo de energia de fontes renováveis para carregar um único VE a partir de um sistema fora da rede [5]

A General Motors lançou o primeiro veículo elétrico de produção moderno de um grande fabricante de automóveis, o GM EV1, em 1996 (Motor Trend, 2004). No entanto, as limitações da autonomia de condução, os longos tempos de carregamento e os elevados custos de produção e desenvolvimento levaram a que o EV1 fosse descontinuado em 1999 (Motor Trend, 2004). Outros veículos eléctricos lançados no mesmo período, mas descontinuados pouco tempo depois, incluem um Ford Ranger elétrico, o Toyota RAV4 EV e o Honda EV+. Os veículos eléctricos atualmente disponíveis incluem o Tesla Roadster (Tesla Motors, 2008) e o veículo elétrico de bairro Zero Emission, No Noise (ZENN) (ZENN Motor Company, 2008). Vários grandes fabricantes de automóveis planeiam introduzir novos veículos eléctricos num futuro próximo, nomeadamente a General Motors com o Chevrolet Volt (GM, 2008) e a Toyota com a próxima geração do Prius (Motor Trend, 2008) [5].

1.2.2. Investigação atual

O primeiro autocarro movido a energia solar do mundo foi introduzido em 2013, em Adelaide, na Austrália. A Câmara Municipal de Adelaide estava empenhada em reduzir as emissões de carbono da cidade, uma vez que mais de 30% das mesmas provinham dos transportes, tanto públicos como privados. O autocarro movido a energia solar chama-se Tindo e é único, pois é 100% elétrico, o que significa que gera zero emissões, ao contrário das frotas movidas a gás e híbridas [6].

Figura 1.2: Tindo, um autocarro elétrico verde movido a energia solar [7]

No entanto, o autocarro não se alimenta a si próprio, não tem quaisquer painéis solares instalados, mas tem uma bateria que é carregada na estação central de autocarros de Adelaide antes de partir para as rotas da cidade. Num dia de semana normal, com condições de tráfego médias, o autocarro pode percorrer cerca de 200 km antes de a bateria ficar descarregada e precisar de ser recarregada, sendo recarregada através de um sistema solar fotovoltaico único na estação central de autocarros de Adelaide. O sistema solar fotovoltaico no telhado da estação de autocarros é atualmente o maior sistema ligado à rede de Adelaide, gerando quase 70 000 kW. O Bio-Bus de 40 lugares fez uma viagem entre o aeroporto de Bristol e a famosa cidade histórica de Bath. É alimentado por gás biometano gerado na estação de tratamento de águas residuais de Bristol, gerida pela GENeco.

A empresa foi a primeira no Reino Unido a transformar as águas residuais locais num fluxo constante de combustível fiável [8].

Figura 1.3: Bio-ônibus GENeco alimentado por resíduos humanos [8]

A GENeco afirma que o autocarro pode percorrer 186 milhas (300 km) com um depósito cheio de gasolina, produzindo menos 30% de emissões do que os autocarros a diesel convencionais. A Bath Bus Company, que está a contratar o bio-ônibus, espera que cerca de 10 000 passageiros viajem mensalmente nesta rota.

O CTO da empresa de TI para a saúde Vecna Technologies, Daniel Theobald, terá convertido um icónico autocarro Volkswagen de 1966 num veículo totalmente movido a energia solar. O painel solar aparafusado ao topo do autocarro Volkswagen parece algo que o condutor está a transportar, mas aparentemente funciona mesmo assim[9].

Figura 1.4: O icónico Volkswagen de 1966 alimentado por energia solar [9]

A empresa ugandesa Kiira Motors apresentou o seu protótipo de autocarro elétrico, denominado Kayoola, num estádio da capital do Uganda, Kampala, em fevereiro de 2016. O Kayoola é um autocarro de 35 lugares que pode percorrer até 80 quilómetros com dois bancos de energia que também podem ser recarregados por painéis solares instalados no tejadilho do autocarro [8].

Figura 1.5: Autocarro verde Kayoola concebido por kiira[10]

O autocarro realizado na Lituânia em março de 2016, movido a energia eólica, era originalmente um antigo tróleis Skoda TR14, mas tornou-se agora um autocarro Dancer, um autocarro elétrico com um design inovador, tecnológico e ecológico. No projeto, o motor original foi retirado e substituído por quatro motores eléctricos (um para cada roda).

Figura 1.6: O autocarro dançante alimentado por energia eólica [11]

O seu design peculiar, que confere ao veículo um aspeto translúcido, desempenha um papel essencial. O autocarro tornou-se mais leve ao substituir as antigas chapas metálicas por painéis verticais translúcidos. O autocarro é, assim, naturalmente iluminado e oferece amplas vistas da cidade durante os percursos diurnos, enquanto, durante a noite, os painéis interactivos podem ser programados para mostrar imagens e vídeos. Atualmente, existem dois autocarros Dancer operacionais em Kaunas, a segunda maior cidade da Lituânia, e o objetivo é converter toda a frota até 2017. Estes autocarros Dancer sustentáveis, tecnológicos e artísticos fazem o seu caminho silencioso mas decisivo para a futura mobilidade urbana, empurrados por uma rajada de vento [11].

1.3. Recomendações

Ainda restam algumas salas para melhorar o desempenho do projeto. A lista é a seguinte:

Podemos utilizar células solares de película fina em todo o tejadilho do veículo, que é flexível em todos os sentidos e pode ser dobrado e dobrado.

> Célula solar de película fina

Célula solar de película fina, tipo de dispositivo concebido para converter a energia luminosa em energia eléctrica (através do efeito fotovoltaico) e composto por camadas de material absorvente de fotões com uma espessura de mícron, depositadas sobre um substrato flexível. As células solares de película fina foram inicialmente introduzidas nos anos 70 por investigadores do Instituto de Conversão de Energia da Universidade de Delaware, nos Estados Unidos. A tecnologia foi sendo continuamente melhorada, de modo que, no início do século XXI, o mercado mundial de células fotovoltaicas de película fina estava a crescer a um ritmo sem precedentes e previa-se que continuasse a crescer[12].

Figura 1.7: Células solares de película fina, que convertem a energia luminosa em energia eléctrica [12]

Podemos modificar o sensor piezoelétrico aumentando a sua capacidade de carga. Também podemos afinar a posição dos sensores com o parafuso de ajuste para gerar a quantidade máxima de energia. Também podemos substituir o nosso sistema piezoelétrico por folhas de sensores de pressão impressos fabricados com elementos piezoeléctricos à base de poli (aminoácidos), tinta de pasta de prata como eléctrodos e folha de poliimida como substrato. As caraterísticas do dispositivo de uma folha como um conjunto de sensores de pressão flexíveis constituído por elementos piezoeléctricos à base de poli (aminoácidos) fabricados num substrato de película de plástico através de uma técnica de impressão [13].

Figura 1.8: folhas impressas de conjuntos de sensores de pressão fabricados com elementos piezoeléctricos à base de poli (aminoácidos) [13]

> No motor de turbina eólica, podemos colocar uma caixa de engrenagens à frente do eixo, o que pode dar um rendimento 2 a 3 vezes mais eficiente.

Figura 1.9: Motor de 12V DC com caixa de velocidades [14]

1.4. Objectivos futuros

O sistema de turbinas eólicas é desenvolvido no tejadilho do autocarro e, por conseguinte, a altura total do sistema aumentou. Esta altura limita o percurso do autocarro. Assim, num estudo futuro, a colocação da turbina eólica pode ser uma preocupação da investigação. Por exemplo, pode ser instalada uma turbina eólica em frente do motor do autocarro, que pode gerar energia e funcionar como uma ventoinha de arrefecimento para o motor. A energia de rotação de cada roda do autocarro também pode participar na produção de eletricidade com uma manobra adequada. Pode ser incluído um sistema de travagem regenerativo que pode participar na produção de eletricidade. Pode ser feita investigação para aumentar o limite máximo de peso humano para o sistema piezoelétrico.

1.5. Limitações do estudo

1. A produção de energia solar pode diminuir durante a estação das chuvas.
2. Para fazer circular a turbina eólica, o vento necessário não estará disponível durante todo o ano.
3. Se o número de passageiros for menor, o gerador piezoelétrico não poderá contribuir muito para a

produção de energia.

4. O sistema de sensores piezoeléctricos pode partir-se ou enferrujar-se com muita frequência devido à sua construção frágil.

1.6. Vantagens em relação ao método tradicional

1. Minimiza a utilização de combustível, como gasolina, gasóleo, octanas, bobinas, etc.
2. Reduzir a poluição atmosférica.
3. Minimizar o custo de transporte.

1.7. Objetivo do presente trabalho

O objetivo do presente trabalho é apresentado a seguir:

1.7.1. Objectivos primários

O principal objetivo deste projeto é desenvolver um protótipo de um sistema de autocarros ecológicos que seja alimentado por recursos renováveis, como o vento, a energia solar e a pressão humana.

1.7.2. Objectivos secundários

O objetivo secundário deste projeto é desenvolver um sistema que possa converter a pressão do plantador humano em eletricidade. Para projetar o circuito, deve ter-se em conta que o sistema tem de reagir mesmo com uma carga muito pequena.

1.8. Introdução à presente tese

1. O capítulo 1 intitula-se "Introdução". Apresenta os antecedentes históricos e a visão geral, o mecanismo possível e a evolução da tecnologia utilizada no projeto.
2. O capítulo 2 intitula-se "Viabilidade de um autocarro ecológico no Bangladesh". Neste capítulo, é abordado o cenário rodoviário, dos transportes e da eletricidade no Bangladesh.
3. O capítulo 3 intitula-se "Introdução aos componentes". Neste capítulo, são abordados os diferentes tipos de especificação dos componentes.
4. O capítulo 4 intitula-se "Implementação do hardware e resultados". Este capítulo centra-se nos diagramas de circuitos e diagramas de blocos para este projeto. O cálculo do modelo e o cálculo real também são abordados neste capítulo.
5. O capítulo 5 intitula-se "Discussão e cálculo". Este capítulo centra-se no desenvolvimento futuro do projeto.

Capítulo 2

Viabilidade de um autocarro verde no Bangladesh

2.1. Introdução

O Bangladesh é um país populoso. O sistema de transportes é atualmente uma questão premente. A principal fonte de combustível, como o gás, a gasolina, o gasóleo, o octano, etc., é escassa e vai esgotar-se. Se utilizarmos energias renováveis em vez desses combustíveis, podemos satisfazer a nossa procura regular. Se utilizarmos as fontes renováveis, a procura de combustíveis diminuirá e o custo será minimizado. Além disso, a poluição do ambiente será reduzida.

2.2. Situação recente do tráfego no Bangladesh

2.2.1. Engarrafamento

Os dados da Autoridade de Transportes Rodoviários do Bangladesh (BRTA) mostram que, no ano de 2010, o número total de veículos privados (carro, microautocarro, jipe, motociclo, veículo para fins especiais) foi registado 1084123 e o número total de veículos públicos (autocarro, transportador humano, auto tempo) foi registado 74208. Mas, no ano de 2016, até outubro, o número de veículos privados foi registado 2103160 e o número de veículos públicos foi registado 97505. Os dados estatísticos mostram que, atualmente, o número de veículos está a aumentar quase 100% mais do que no passado, e podemos ver que o número de veículos particulares usados está a subir como um foguete, por outro lado, o número de veículos públicos está a aumentar a uma taxa insignificante.

As estatísticas mostram também que, de 2010 a outubro de 2016, apenas na cidade de Daca o número de veículos aumentou mais de 50%. Como podemos ver, o número máximo de veículos aumentou no sector privado. O número de veículos em causa é muito elevado, o que faz com que o engarrafamento e o consumo de combustível atinjam o seu nível máximo. Para reduzir o engarrafamento, devemos desencorajar as pessoas a trazer o seu carro particular para a estrada o menos possível, lançando um autocarro verde baseado em energia renovável que é rentável, amigo do ambiente e também confortável para todos os sectores [15]. Ao garantir serviços de alta qualidade e instalações adicionais, tais como máquinas automáticas de venda de bilhetes, ligação sem fios, ar condicionado, lugares reservados para pessoas com deficiência física, etc., este sistema de autocarros pode incentivar as pessoas a utilizarem os transportes públicos.

2.2.2. Poluição ambiental devido ao combustível utilizado nos transportes

Para fazer funcionar este enorme número de meios de transporte, é necessária uma grande quantidade de combustível. É por isso que o consumo de combustível está a aumentar rapidamente no nosso país, onde temos de importar a maior quantidade possível de combustível do estrangeiro, exceto gás natural e outros. Uma estatística mostra que, no ano de 1991, o Bangladesh apenas necessitava de 41 000 barris de petróleo por dia, em 2001 aumentou para 88 000 barris por dia e, finalmente, em 2015 atingiu 116 000 barris por dia. A partir desta estatística, podemos agora imaginar a quantidade de combustível que estamos a queimar por ano e a quantidade de carbono que estamos a emitir para o nosso ambiente.

Para importar petróleo todos os anos, o governo gasta uma enorme quantidade de divisas estrangeiras e também concede subsídios, razão pela qual o governo é obrigado a utilizar o gás natural em todos os sectores possíveis. Segue-se uma estatística que mostra o consumo de gás em (milhares de milhões de pés cúbicos) por ano no Bangladesh em vários sectores [15].

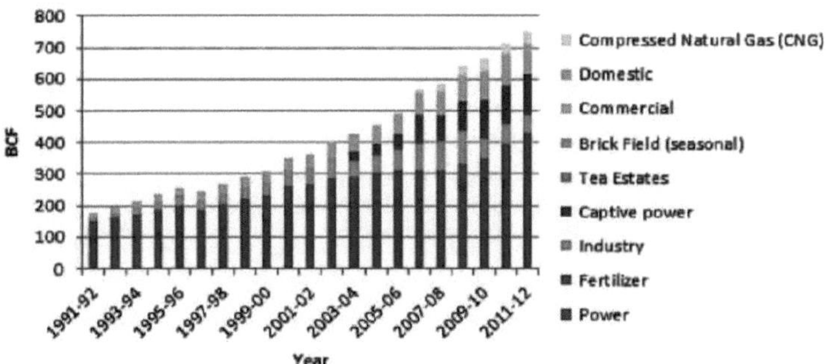

Figura 2.1: Consumo de gás natural por ano no Bangladesh [16]

Mas se utilizarmos continuamente grandes quantidades de gás natural como complemento dos óleos fósseis, isso constituirá uma grande ameaça para a existência do nosso gás natural. Como a reserva do nosso gás natural é limitada, pode esgotar-se a qualquer momento. A nossa produção de gás natural já está a diminuir rapidamente em relação ao nosso consumo, como se pode ver numa estatística apresentada abaixo, que mostra que em 2030 a nossa produção de gás natural diminuirá mais de 70% em relação à nossa procura [17].

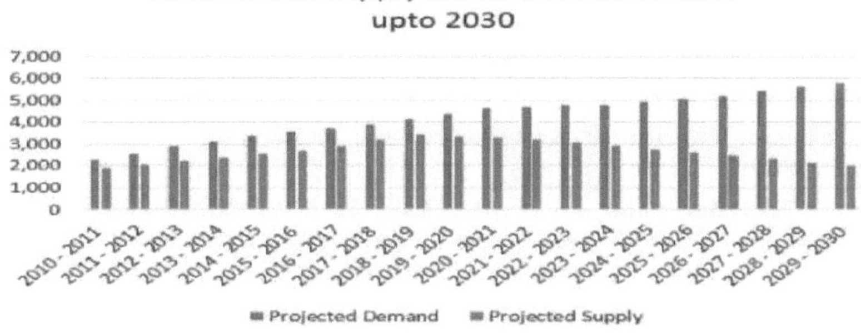

Figura 2.2: Previsão da oferta e da procura de gás natural [17]

Neste momento, se quisermos melhorar o estado do nosso tráfego, temos de encontrar uma solução que não só reduza a elevada procura de combustíveis fósseis e de petróleo, mas que também incentive as pessoas a utilizar os transportes públicos tanto quanto possível. A tecnologia de autocarros ecológicos proposta pode ser uma solução potencial para combater a recente crise do tráfego no Bangladesh. Nas secções seguintes deste capítulo, será investigada, na perspetiva do Bangladesh, a adequação dos recursos renováveis utilizados no projeto.

2.3. Adequação dos recursos renováveis

2.3.1 Energia solar no Bangladesh

O Bangladesh é um país subtropical, 70% do ano a luz solar incide no Bangladesh. Por esta razão, podemos utilizar painéis solares para produzir eletricidade em grande parte. A radiação solar varia de estação para estação no Bangladesh. O Bangladesh recebe uma radiação solar diária média de 4-6,5 kWh/m2. O valor máximo e o mínimo ocorrem em novembro-dezembro-janeiro. O Centro de Investigação sobre Energias Renováveis (RERC) da Universidade de Daca é a única fonte que dispõe de dados medidos a longo prazo sobre Daca. A energia solar pode ser uma óptima fonte para resolver a crise energética no Bangladesh. O Bangladesh está situado entre 20,30 e 26,38 graus de latitude norte e 88,04 e 92,44 graus de latitude leste, o que constitui uma localização ideal para a utilização da energia solar [18].

O gráfico de dados mostra a média mensal de horas de sol por ano no Bangladesh. Como podemos ver, especialmente de junho a setembro, a hora de luz solar é mínima, porque é a estação das chuvas no Bangladesh. Exceto nesses 4 meses, o cenário total de horas de sol no Bangladesh é bastante positivo.

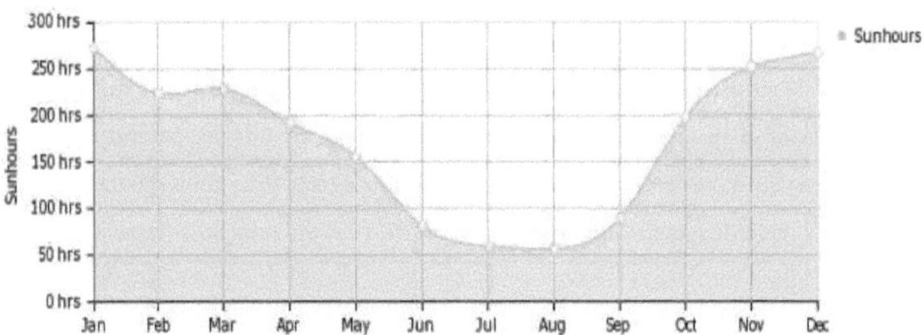

Figura 2.3: A média mensal de horas de sol no Bangladesh [19]

O gráfico seguinte mostra a radiação solar ao longo do ano em cada distrito do Bangladesh. Podemos ver que a radiação é máxima em Barisal e baixa em Chittagong e Dhaka está na média.

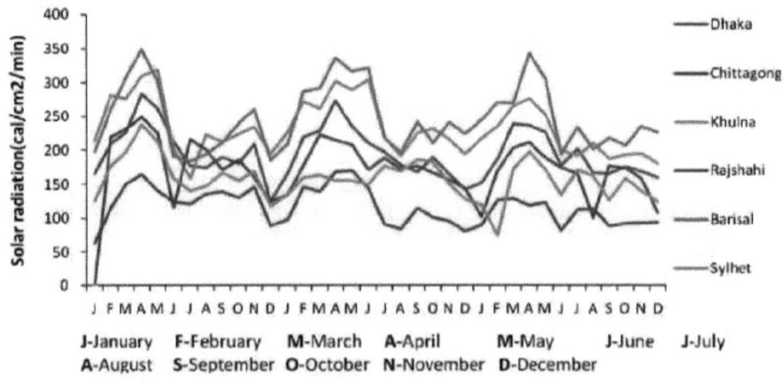

Figura 2.4: Radiação solar média horária em seis divisões [20]

2.3.2. Energia eólica no Bangladesh

O vento, como todos sabemos, é uma importante fonte de energia renovável. A energia eólica tem o potencial de fornecer energia mecânica ou eletricidade sem gerar poluentes. A potência é diretamente proporcional à velocidade do vento. Historicamente, foi utilizada em muitos países, especialmente nos Países Baixos, como fonte de energia mecânica, por exemplo, para moer milho ou bombear água. No Bangladesh, como em muitos outros países, a energia eólica também tem sido utilizada para fornecer alguma força motriz a barcos com velas de vários modelos. Infelizmente, não se tem feito muita investigação nestes domínios, embora recentemente se tenha renovado o interesse pela utilização da energia eólica para bombas eólicas e barcos à vela. O Bangladesh, sendo um país tropical, tem um grande fluxo de vento em diferentes estações do ano. No entanto, existem alguns locais ventosos (Cox's bazar, Kuakata, Kutubdia, Sitakunda, etc.) onde os projectos de energia eólica poderiam ser viáveis. [21].

Mas no nosso projeto, vamos colocar a nossa turbina de vento no tejadilho do nosso veículo. A razão ou vantagem desta ideia é que, em época de vento, a turbina rodará automaticamente. Na estação de baixo fluxo de vento, funcionará da mesma forma que na estação ventosa, porque quando o veículo estiver a funcionar, a turbina girará pela fricção da força do vento na direção oposta. Assim, este projeto é adequado para todas as estações. O gráfico abaixo mostra a velocidade média do vento por mês no Bangladesh em (m/s).

O gráfico seguinte mostra o fluxo médio do vento durante todo o ano no Bangladesh.

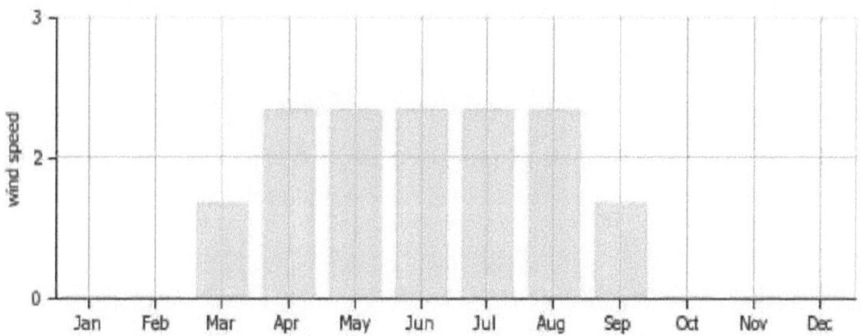

Figura 2.5: Esta é a velocidade média mensal do vento (metros por segundo) [22]

2.3.3. Âmbito de aplicação do gerador piezoelétrico no Bangladesh

Se conseguirmos utilizar a pressão do pé humano tanto quanto possível, então será uma solução definitiva no sector da produção de energia. Porque é muito sustentável, eficaz e adequado para todos os países em qualquer estação do ano. Uma pessoa com peso normal gera, em média, 7W a 10W de energia em cada passo. Por esta razão, decidimos incluir esta tecnologia no nosso projeto. No Bangladesh, como podemos ver, todos os autocarros públicos estão superlotados de passageiros, por isso, se pudermos instalar vários sensores de pressão dos pés num autocarro em locais diferentes, onde o pé do público pode cair o máximo de tempo possível, este gerará eletricidade que pode carregar a bateria. Por esta razão, optámos por desenvolver um sistema de pressão do pé humano utilizando um sensor piezoelétrico. O mecanismo piezoelétrico é muito fácil de desenvolver, pelo que trabalhámos nesse sistema específico.

2.4. Piezoeletricidade

Certos cristais, por exemplo, o quartzo (Si02 cristalino) e os BaTiOs, tornam-se polarizados quando são submetidos a tensões mecânicas. Surgem cargas nas superfícies do cristal. O aparecimento de cargas superficiais leva a uma diferença de tensão entre as duas superfícies do cristal. Os mesmos cristais também apresentam tensão mecânica ou distorção quando são submetidos a um campo elétrico. A direção da deformação mecânica (por exemplo, extensão ou compressão) depende da direção do campo aplicado, ou da polaridade da tensão aplicada. Os dois efeitos são complementares e definem a piezoeletricidade [23].

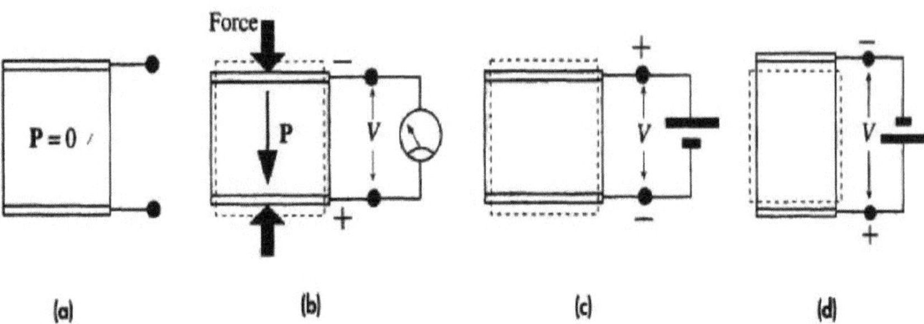

Figura 2.6: O efeito piezoelétrico. (a) Um cristal piezoelétrico sem tensão ou campo aplicado (b) O cristal é deformado por uma força aplicada que induz a polarização no cristal e gera cargas superficiais (c) Um campo aplicado faz com que o cristal fique deformado. Neste caso, o campo comprime o cristal. (d) A tensão muda de direção com o campo aplicado e agora o cristal está estendido [23]

A direção da polarização induzida depende da direção da tensão aplicada. Quando a mesma célula unitária da figura é submetida a uma tensão ao longo de jc, como ilustrado na figura abaixo, não há momento de dipolo induzido ao longo desta direção porque não há deslocamento líquido dos centros de massa na direção x. No entanto, a tensão faz com que os átomos A e B sejam deslocados para fora, para A" e B", respetivamente, e isto resulta no afastamento dos centros de massa um do outro ao longo de y. Neste caso, uma tensão aplicada ao longo de x resulta numa polarização induzida ao longo de y. Geralmente, uma tensão aplicada numa direção pode dar origem a uma polarização induzida noutras direcções do cristal. Suponhamos que a tensão mecânica aplicada ao longo de uma direção j e Pi é a polarização induzida ao longo de uma direção; então as duas estão linearmente relacionadas por

$$Pi = dij \, .Tj$$

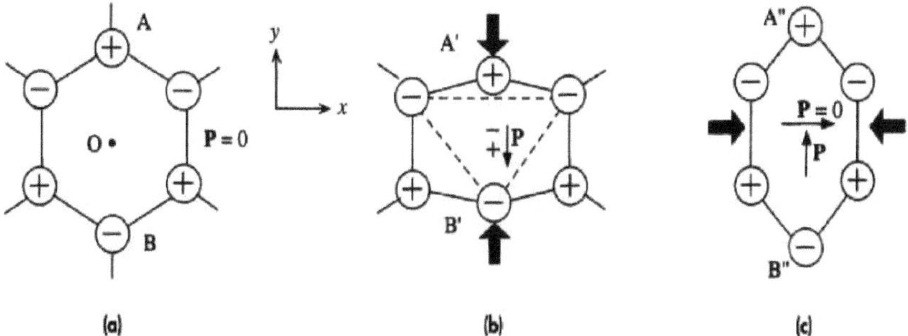

Figura 2.7 : Uma célula unitária hexagonal não tem centro de simetria.(a) Na ausência de uma força aplicada, os centros de massa dos iões positivos e negativos coincidem.(b) Sob uma força aplicada na direção, os centros de massa dos iões positivos e negativos são deslocados, o que resulta num momento de dipolo líquido, P, ao longo de y.(c) Quando a força é exercida numa direção diferente, ao longo de x, pode não haver um momento de dipolo líquido resultante nessa direção, embora possa haver um P líquido ao longo de uma direção diferente (y)[23]

A equação da força aplicada necessária para a piezoeletricidade é dada a seguir:

$$F = \frac{\mathcal{E}o\mathcal{E}rAV}{dL}$$

2.4.1. Transdutor Piezoelétrico

O princípio fundamental de um transdutor piezoelétrico é que uma força, quando aplicada no cristal de quartzo, produz cargas eléctricas na superfície do cristal. A carga assim produzida pode ser designada por piezoeletricidade. A piezoeletricidade pode ser definida como a polarização eléctrica produzida por tensão mecânica em certas classes de cristais. A taxa de carga produzida será proporcional à taxa de variação da força aplicada como entrada [24].

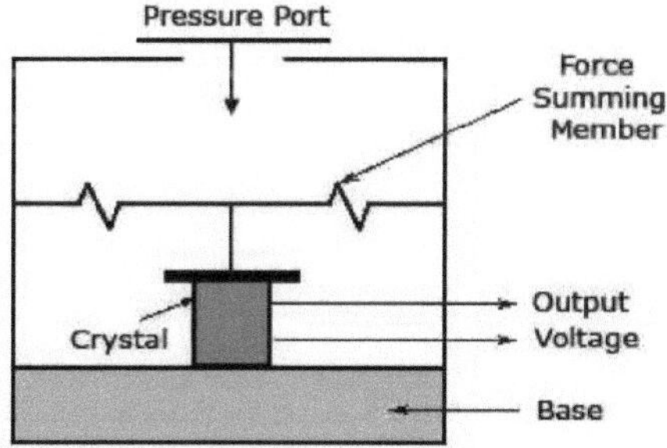

Figura 2.8: Princípio de funcionamento do transdutor piezoelétrico [24]

2.5. Motivação para o projeto

O Bangladesh é um país pequeno com uma grande população. No sistema de transportes, o custo do combustível é uma questão premente. Aqui, utiliza-se gasolina, gás, carvão, gasóleo, etc., como combustível. Todos os anos, temos de gastar muito dinheiro com estes combustíveis. Para além disso, estes combustíveis criam poluição ambiental. São muito caros. Será uma grande conquista se conseguirmos substituir os combustíveis por outros meios. É por isso que escolhemos um projeto de conceção de um protótipo de veículo que funcionará com fontes renováveis, como a energia solar e eólica. Utilizaremos também a pressão da planta humana. Estas fontes são inesgotáveis e não causam qualquer poluição no ambiente. São fiáveis em termos de custos. A utilização de fontes renováveis tornou-se muito popular e a sua utilização está a aumentar em todo o mundo.

2.6. Desafios deste projeto

> O primeiro desafio com que nos deparámos neste projeto foi o fabrico de uma turbina eólica. No início, pensámos em fazer uma turbina eólica de eixo horizontal. Após análise, verificámos que não seria adequada para o nosso projeto, porque uma turbina eólica de eixo horizontal necessita de muita altura e de um localizador de direção do vento, de muito fluxo de vento para rodar. No Bangladesh, todos os veículos têm de manter o limite de altura para obterem espaço na estrada. Por isso, decidimos fabricar uma turbina eólica de 4 pás de eixo vertical que não necessita de muita altura, muito fluxo de vento e localizador de direção do vento.

> O segundo e mais difícil desafio que enfrentámos ao fazer o gerador piezoelétrico. Ligámos 6 sensores piezoeléctricos em série. Criámos um sistema em que 6 parafusos estão a exercer pressão sobre eles, mas quando os pressionámos não obtivemos qualquer saída, porque esses 6 parafusos não estavam a atingir as porções de sensibilidade de cada vez. Se um sensor não estiver a receber a pressão, isso será um circuito aberto e é por isso que não obtemos qualquer tensão de saída. Depois, fizemos algumas manipulações para sincronizar todos os parafusos de modo a atingirem os sensores ao mesmo tempo. Depois disso, obtivemos o resultado esperado.

> Terceiro desafio que enfrentámos quando ligámos o motor DC (12V, 0,8A) ao nosso protótipo. Este não era capaz de fazer rodar as rodas do veículo porque as suas rotações eram baixas. Em seguida, utilizámos um motor CC (24V, 0,9A), que é maior e tem mais rotações do que o outro. Depois de ligar este motor, o nosso protótipo de veículo moveu-se convenientemente.

2.7. Resumo

O Bangladesh é um país pequeno, mas tem um grande número de populações, razão pela qual este tipo de projeto é perfeito para o Bangladesh porque é amigo do ambiente. Além disso, sabemos que o estado da economia do Bangladesh não é suficiente, pelo que um país em desenvolvimento como o Bangladesh pode utilizar este tipo de projeto porque é muito mais rentável do que qualquer outro veículo que utilize outras fontes de energia. Ao utilizar este tipo de projeto, podemos diminuir a dependência dos recursos naturais. Além disso, estes projectos não causam qualquer dano ao nosso ambiente porque emitem 0% de carbono para a atmosfera.

Capítulo 3

Introdução aos componentes

3.1. Introdução

No nosso projeto, trabalhamos em diferentes fontes renováveis, como a energia solar e eólica. Também trabalhamos com a pressão de plantação humana. São utilizados diferentes tipos de componentes. Todos os componentes têm objectivos diferentes e tamanhos diferentes.

3.2. Principais componentes do nosso projeto

3.2.1. Solar

l.Painel de soloar.

3.2.2. Vento

1. Turbina eólica de eixo vertical.
2. Tubo de PVC.
3. Ângulo.
4. Motor DC.
5. Hub.
6. Albo.
7. Regulador de tensão (LM 7805).

3.2.3. Pressão da plantadeira humana

1. Sensor piezoelétrico.
2. primavera.
3. Borracha.
4. Placa rígida.

Para implementar a estrutura básica de um barramento, são utilizados os seguintes componentes

1. Madeira para o chassis.
2. Rolamento.
3. Vara.
4. Cinto.
5. Multímetro.
6. Roda.
7. Motor (24V DC).
8. Bateria.

9. Parafuso e porca.
10. Polia.
11. Máquina de lavar roupa.
12. Madeira.
13. PVC rígido.

3.3. Painel solar

Um painel solar é um conjunto de células solares. Muitas pequenas células solares espalhadas por uma grande área podem trabalhar em conjunto para fornecer energia suficiente para ser útil. É uma poderosa fonte de energia. Sem ela, não há vida. A energia solar é considerada uma fonte de energia séria desde há muitos anos, devido às grandes quantidades de energia que são disponibilizadas gratuitamente, se forem aproveitadas pela tecnologia moderna [25].

Figura 3.1: Painel solar

3.3.1. Antecedentes históricos

Em 1839, Alexandre Edmond Becquerel descobriu o efeito fotovoltaico, que explica como a eletricidade pode ser gerada a partir da luz solar. Afirmou que "a incidência de luz sobre um elétrodo submerso numa solução condutora criaria uma corrente eléctrica". No entanto, mesmo depois de muita investigação e desenvolvimento após a descoberta, a energia fotovoltaica continuou a ser muito ineficiente e as células solares foram utilizadas principalmente para medir a luz. Mais de 100 anos depois, em 1941, Russell Ohl inventou a célula solar, pouco depois da invenção do transístor [26].

3.3.2. Princípio de funcionamento

Os módulos fotovoltaicos, vulgarmente designados por módulos solares, são os principais componentes utilizados para converter a luz solar em eletricidade. Os módulos solares são feitos de semicondutores que são muito semelhantes aos utilizados para criar circuitos integrados para equipamento eletrónico. O tipo mais comum de semicondutor atualmente utilizado é feito de cristais de silício. Os cristais de silício são laminados em camadas do tipo n e do tipo p, empilhadas umas sobre as outras. A luz que incide sobre os cristais induz o "efeito fotovoltaico", que gera eletricidade. A eletricidade produzida é designada por corrente contínua (CC) e pode ser utilizada imediatamente ou armazenada numa bateria. Para os sistemas instalados em casas servidas por uma rede pública, um dispositivo chamado inversor transforma a eletricidade em corrente alternada (CA), a energia padrão utilizada em casas residenciais [27].

3.4. Turbina eólica de eixo vertical

As turbinas eólicas de eixo vertical são defendidas como sendo capazes de captar o vento de todas as direcções e não necessitam de mecanismos de guinada, lemes ou cones de vento a favor do vento. Os seus geradores eléctricos podem ser colocados perto do solo e, portanto, facilmente acessíveis [28].

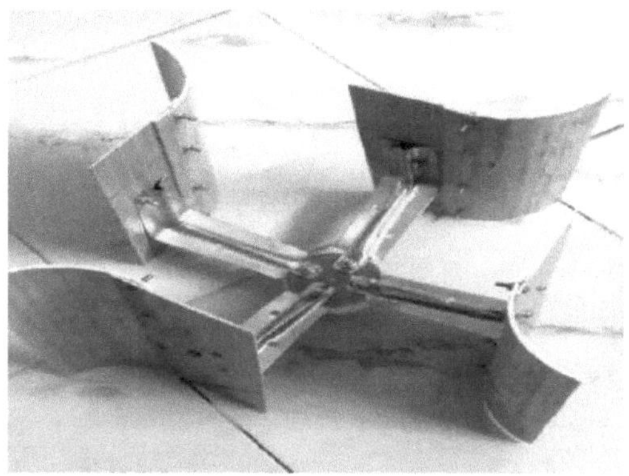

Figura 3.2: Turbina eólica de eixo vertical

3.4.1. Antecedentes históricos

Os primeiros moinhos de vento que apareceram na Europa Ocidental eram de configuração de eixo horizontal. A razão para a súbita evolução da abordagem de conceção persa de eixo vertical é desconhecida, mas o facto de as rodas de água europeias também terem uma configuração de eixo horizontal - e aparentemente terem servido de modelo tecnológico para os primeiros moinhos de vento - pode fornecer parte da resposta. Outra razão pode ter sido a maior eficiência estrutural das máquinas horizontais de arrasto em relação às máquinas verticais de arrasto, que (recorde-se) perdem até metade da área de recolha do rotor devido aos requisitos de proteção. As primeiras ilustrações (1270 d.C.) mostram um moinho de quatro pás montado num poste central (portanto, um "moinho de poste") que já estava bastante avançado tecnologicamente em relação aos moinhos persas. Estes moinhos utilizavam engrenagens de madeira para traduzir o movimento do eixo horizontal em movimento vertical para fazer girar uma mó. Aparentemente, esta engrenagem foi adaptada para utilização em moinhos de postes a partir da roda de água de eixo horizontal desenvolvida por Vitruvius [29].

Já em 1390, os holandeses começaram a aperfeiçoar o projeto do moinho-torre, que tinha surgido um pouco antes ao longo do Mar Mediterrâneo. Essencialmente, os holandeses fixaram o moinho de postes padrão no topo de uma torre de vários andares, com pisos separados dedicados à moagem do grão, à remoção da palha, ao armazenamento do grão e (na parte inferior) à habitação do moleiro e da sua família. Tanto o moinho de postes como o posterior moinho de torre tinham de ser orientados manualmente para o vento, accionando uma grande alavanca na parte de trás do moinho. A otimização da energia e da potência do moinho de vento e a proteção do moinho contra danos, enrolando as velas do rotor durante as tempestades, eram algumas das principais tarefas do moleiro [30].

3.4.2. Princípio de funcionamento

De acordo com o princípio da força do ar e com base no teste do modelo do túnel de vento, a forma da lâmina é a da asa do avião, o que não reduzirá a eficiência quando a roda estiver a girar, o que causará a mudança da forma da lâmina. Há 4-5 lâminas a igual distância, fixadas pelos conectores que ligam a roda. A roda accionará a turbina magnética permanente de metal de terras raras para produzir energia e depois transferirá a energia para o controlador [31].

Este princípio técnico baseia-se na teoria das fatias. Na prática, o cálculo será efectuado na secção do eixo de rotação do modelo VAWT. Observe o tamanho da lâmina, tome "N" como a distância do eixo giratório de cada lâmina usando o método CFD para fazer o cálculo do coeficiente de força aérea. O método digital discreto é utilizado para obter o valor da força de ar da secção do tipo asa e utilizar o método do quadrado líquido para comparar o fluxo de vórtice do membro remolds [31].

Aqui a energia é produzida utilizando o material magnético permanente de metal de terras raras, utilizando a roda de vento de acordo com a teoria da força do ar e utilizando a estrutura de acionamento direto.

3.5. Motor DC

Um gerador elétrico é um dínamo ou uma máquina semelhante que converte energia mecânica em eletricidade. Existem dois tipos de geradores. Um é o gerador de corrente alternada e o outro é o gerador de corrente contínua. Um gerador CA produz energia eléctrica alternada. Um gerador de corrente contínua produz energia direta. Ambos os geradores produzem energia eléctrica [32].

Especificação do motor Dc

Tensão = 12 V

Corrente = 0,8 A

Tipo = Dc

Figura 3.3: Motor DC[33]

3.5.1. Antecedentes históricos

Ao nível mais básico, os motores eléctricos existem para converter energia eléctrica em energia mecânica. Isto é feito através da interação de dois campos magnéticos - um estacionário e outro ligado a uma peça que se pode mover. Existem vários tipos de motores eléctricos, mas a maioria dos BEAMbots utiliza motores DC de uma forma ou de outra. Os motores de corrente contínua têm potencial para capacidades de binário muito elevadas (embora isto seja geralmente uma função do tamanho físico do motor), são fáceis de miniaturizar e podem ser "estrangulados" através do ajuste da sua tensão de alimentação. Os motores CC não são apenas os mais simples, mas também os mais antigos motores eléctricos.

Os princípios básicos da indução electromagnética foram descobertos no início do século XIX por Oersted, Gauss e Faraday. Em 1820, Hans Christian Oersted e André Marie Ampere descobriram que uma corrente eléctrica produz um campo magnético. Nos 15 anos seguintes, assistiu-se a uma onda de experiências e inovações transatlânticas, que conduziram finalmente a um simples motor rotativo de corrente contínua. Vários homens estiveram envolvidos no trabalho, pelo que a atribuição do crédito ao primeiro motor de corrente contínua depende da definição mais lata da palavra "motor". A construção básica de um motor de corrente contínua contém uma armadura que transporta corrente e que está ligada à extremidade de alimentação através de segmentos de comutador e escovas que são colocadas nos pólos norte-sul de um íman permanente ou de um eletroíman, como se mostra no diagrama abaixo [32].

3.5.2. Princípio de funcionamento

Um motor de corrente contínua, em palavras simples, é um dispositivo que converte corrente contínua (energia eléctrica) em energia mecânica. A construção básica de um motor de corrente contínua contém uma armadura de transporte de corrente que está ligada à extremidade de alimentação através de segmentos de comutador e escovas que são colocadas nos pólos norte-sul de um íman permanente ou de um eletroíman, como se mostra no diagrama abaixo.

Agora, para entrar nos detalhes do princípio de funcionamento do motor CC, é importante que tenhamos uma compreensão clara da regra da mão esquerda de Fleming para determinar a direção da força que actua nos condutores da armadura do motor CC. A regra da mão esquerda de Fleming diz que se estendermos o dedo indicador, o dedo médio e o polegar da nossa mão esquerda de tal forma que o condutor de corrente seja colocado num campo magnético (representado pelo dedo indicador) perpendicular à direção da corrente (representada pelo dedo médio), então o condutor experimenta uma força na direção (representada pelo polegar) mutuamente perpendicular à direção do campo e à corrente no condutor [34].

3.6. Transdutor piezoelétrico

Um transdutor piezoelétrico é um dispositivo que utiliza o efeito piezoelétrico para medir alterações na pressão, aceleração, temperatura, deformação ou força, convertendo-as numa carga eléctrica. O prefixo ***piezo-*** é grego para "pressionar" ou "apertar".

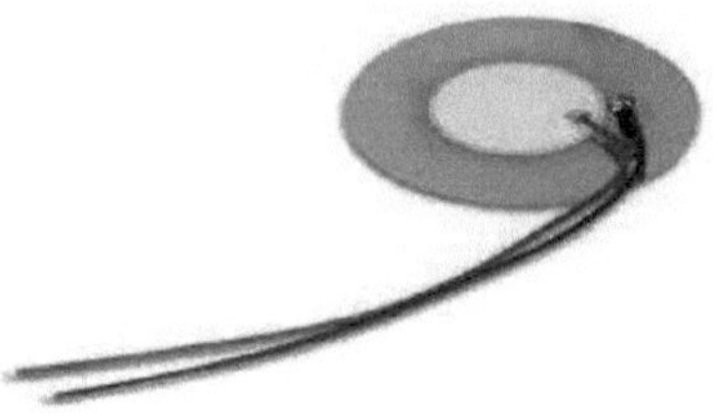

Figura 3.4: Sensor piezoelétrico[35]

3.6.1. Antecedentes históricos

A história do desenvolvimento da piezoeletricidade tem mais de 120 anos. Em 1880, Pierre e Jacques Curie descobriram que, sob pressão, alguns materiais desenvolvem cargas eléctricas superficiais. Posteriormente, este efeito foi designado por "efeito piezoelétrico"; a eletricidade provocada por uma pressão mecânica foi designada por "piezoeletricidade" e os materiais (quartzo, turmalina, sal de sinete, etc.) nos quais se verifica este fenómeno foram designados por "piezoeléctricos". Em 1881, G. Lippmann previu que a tensão eléctrica contida num material piezoelétrico provocaria uma pressão mecânica e deformações elásticas. Este facto foi comprovado experimentalmente por P. Curie e J. Curie. O fenómeno foi designado por "efeito piezoelétrico de retorno". A palavra "piezo", emprestada do grego, significa "eu pressiono". A aplicação prática do efeito piezoelétrico teve início em 1917, quando um matemático e físico francês, Paul Langevin, sugeriu a utilização de um dispositivo de eco-balanço ultrassónico para a deteção de objectos subaquáticos. Neste dispositivo (um projetor e recetor de sinais ultra-sónicos), foram construídas placas de quartzo entre camadas de aço, baixando assim a frequência de ressonância do transdutor. Inicialmente, um localizador ultrassónico foi utilizado por Langevin num ecobatímetro de qualidade. Os aperfeiçoamentos posteriores levaram à criação de modernas sondas ultra-sónicas e de vários dispositivos de deteção subaquática (incluindo os instalados em submarinos). Pouco depois da invenção de Langevin, foram criados os primeiros microfones piezoeléctricos, telefones, captadores de som, dispositivos para gravação de som, dispositivos para medição de vibrações, forças e acelerações, etc. As placas e os pivots piezoeléctricos foram utilizados como elementos estabilizadores; a frequência dos geradores electrónicos de alta frequência seguiu-se como uma etapa importante na história das aplicações da piezoeletricidade. As aplicações baseavam-se numa forte dependência do elemento piezoelétrico da frequência da impedância eléctrica próxima da mecânica [36].

3.6.2. Princípio de funcionamento

O transdutor piezoelétrico é constituído por um cristal de quartzo que é feito de silício e oxigénio dispostos numa estrutura cristalina (SiO_2). Geralmente, a célula unitária (unidade básica de repetição) de todos os cristais é simétrica, mas no cristal de quartzo piezoelétrico não é. Os cristais piezoeléctricos são eletricamente neutros. Os átomos no seu interior podem não estar dispostos simetricamente, mas as suas cargas eléctricas estão equilibradas, o que significa que as cargas positivas anulam as cargas negativas. O cristal de quartzo tem a propriedade única de gerar polaridade eléctrica quando lhe é aplicada uma tensão mecânica ao longo de um determinado plano. Basicamente, existem dois tipos de tensão. Um é a tensão de compressão e o outro é a tensão de tração [36].

Quando o quartzo está sem tensão, não são induzidas quaisquer cargas. Em caso de tensão de compressão, são induzidas cargas positivas num lado e cargas negativas no lado oposto. O tamanho do cristal torna-se mais fino e mais comprido devido à tensão de compressão. Em caso de tensão de tração, as cargas são induzidas no sentido inverso ao da tensão de compressão e o cristal de quartzo fica mais curto e mais gordo

O transdutor piezoelétrico baseia-se no princípio do efeito piezoelétrico. A palavra piezoelétrico deriva da palavra grega piezen, que significa apertar ou pressionar. O efeito piezoelétrico indica que, quando são aplicadas forças ou tensões mecânicas no cristal de quartzo, são produzidas cargas eléctricas na superfície do cristal de quartzo. O efeito piezoelétrico foi descoberto por Pierre e Jacques Curie. A taxa de carga produzida será proporcional à taxa de variação da tensão mecânica aplicada. Quanto maior for a tensão, maior será a voltagem. Uma das caraterísticas únicas do efeito piezoelétrico é o facto de ser reversível, o que significa que, quando lhes é aplicada uma tensão, tendem a mudar de dimensão ao longo de um determinado plano, ou seja, se uma estrutura de cristal de quartzo for colocada num campo elétrico, deformará o cristal de quartzo numa quantidade proporcional à intensidade do campo elétrico. Se a mesma estrutura for colocada num campo elétrico com a direção do campo invertida, a deformação será oposta [36].

3.7. Regulador de tensão

Um regulador de tensão é concebido para manter automaticamente um nível de tensão constante. Um regulador de tensão pode ser uma conceção simples de "feed-forward" ou pode incluir circuitos de controlo de feedback negativo. Pode utilizar um mecanismo eletromecânico ou componentes electrónicos. Dependendo da conceção, pode ser utilizado para regular uma ou mais tensões CA ou CC[37].

Figura 3.5: Regulador de tensão (LM 7805)[37]

3.8. Parafuso e porca

Uma porca é um tipo de elemento de fixação com um orifício roscado. As porcas são quase sempre utilizadas em oposição a um parafuso de acoplamento para fixar uma pilha de peças. Os dois parceiros são mantidos juntos por uma combinação da fricção das suas roscas, um ligeiro estiramento do parafuso e a compressão das peças.

3.9. Rolamento

Um rolamento é um elemento de máquina que suporta outro elemento de máquina.

Especificação do rolamento

Diâmetro exterior =2,5 cm

Diâmetro interior =1,3 cm

Largura =1 cm

Figura 3.6: Rolamento[38]

3.10. Roda

A roda é um componente circular que se destina a rodar sobre um rolamento de eixo. A roda é um dos principais componentes da roda e do eixo, que é uma das seis máquinas simples. As rodas, em conjunto com os eixos, permitem deslocar facilmente objectos pesados, facilitando o movimento ou o transporte, suportando uma carga ou realizando trabalho em máquinas.

Figura 3.7: Roda

3.11. Polia

Uma roldana é uma roda num eixo ou veio concebida para suportar o movimento e a mudança de direção de um cabo esticado, corda ou correia ao longo da sua circunferência. As roldanas são utilizadas de várias formas para elevar cargas, aplicar forças e transmitir energia. Em contextos náuticos, o conjunto de roda, eixo e casco de suporte é designado por "bloco".

Figura 3.8: Polia

3.12. Potenciómetro

Um potenciómetro é uma resistência de três terminais em que a resistência é variada manualmente para controlar o fluxo de corrente eléctrica[43].

Figura 3.9: Potenciómetro[43]

3.13. LM 3914 IC:

O LM3914 é um circuito integrado monolítico que detecta níveis de tensão analógicos e acciona 10 LEDs, fornecendo um ecrã analógico linear[44].

3.14. LED

Um díodo emissor de luz (LED) é um dispositivo semicondutor que emite luz visível quando é atravessado por uma corrente eléctrica.

Figura 3.11: LED[45]

3.15. Resumo

Neste capítulo, discutimos os diferentes tipos de componentes que utilizámos no nosso projeto e também discutimos a especificação desses componentes.

Figura 3.10: IC LM3914[44]

Capítulo 4

Implementação de hardware e resultados

4.1. Introdução

Neste capítulo, discutiremos como realizámos o trabalho e qual foi o procedimento. Também discutiremos o diagrama de blocos e o resultado.

4.2. Simulação para sistemas de produção de energia solar e eólica

Nesta parte, utilizamos três fontes diferentes, mas efectuamos simulações para sistemas eólicos e solares. Na secção seguinte, discutiremos o diagrama de blocos de cada sistema, juntamente com os resultados da simulação.

4.3. Energia solar

Figura 4.1: Diagrama de blocos para armazenamento de energia solar

O módulo solar absorve a intensidade solar e depois passa para a bateria através do controlador. A simulação foi efectuada utilizando o MATLAB, onde foram obtidos dois conjuntos de dados para temperatura variável e irradiação variável apenas para compreender a dependência do sistema em relação à temperatura e à irradiação, respetivamente.

4.3.1. Simulação para painel solar

A simulação foi efectuada considerando uma única célula fotovoltaica de silício a funcionar em condições normais. As curvas I-V e P-V são apresentadas na Fig. 4.2.

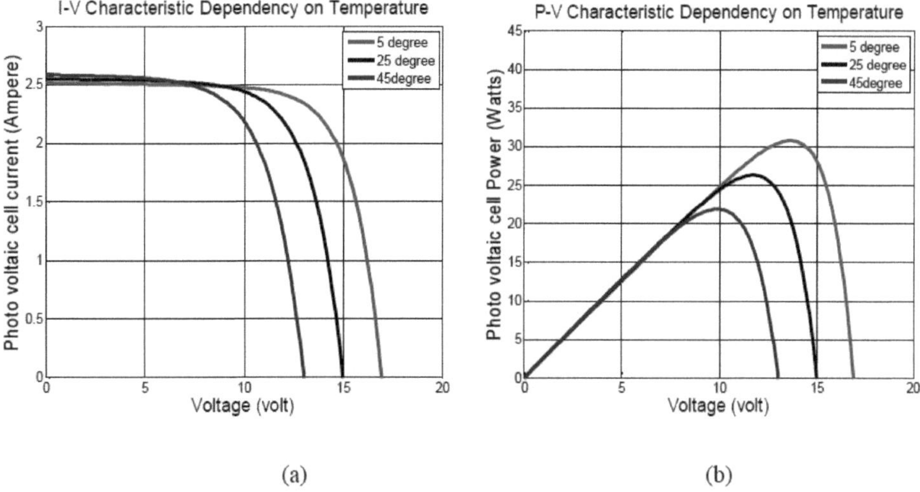

Figura 4.2: Dependência da temperatura; (a) Variação da corrente com a temperatura e (b) Variação da potência com a temperatura.

Na Fig. 4.2(a), onde se vê que, ao variar a temperatura, a mudança na corrente é quase insignificante e observa-se uma mudança de aproximadamente 14% no valor da tensão. Os valores variáveis da temperatura variaram entre 5°C e 45°C. A gama de temperaturas foi escolhida tendo em conta o registo das temperaturas mais altas e mais baixas da cidade de Dhaka. De acordo com os registos, a temperatura máxima até agora registada em Daca, em 30 de abril de 1960, foi de 42,3°C e a temperatura mais baixa registada foi de 7,2°C em 9 de janeiro de 2013[39,40].

Na Fig. 4.3 vê-se que, ao contrário da curva de dependência da temperatura, ao mudar a irradiação há uma mudança considerável na corrente da célula fotovoltaica, mas os valores de tensão tornam-se mais próximos com uma irradiação mais elevada.

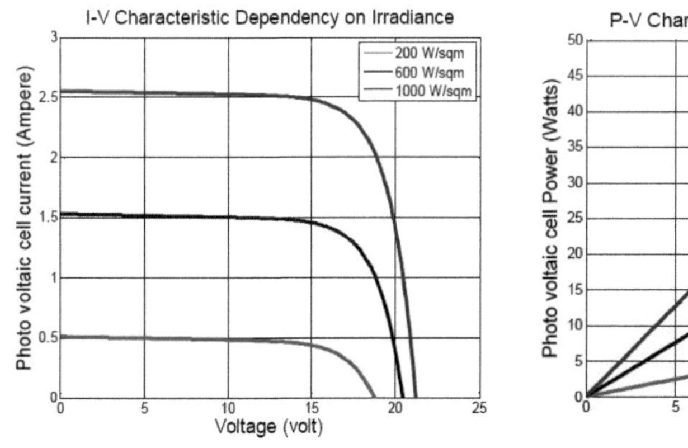

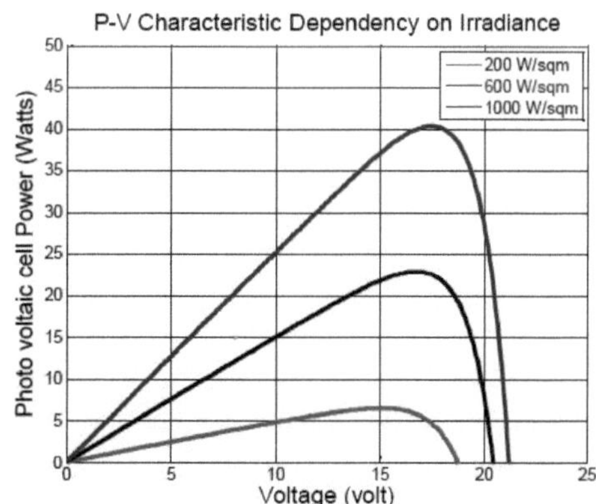

Figura 4.3: Dependência da Irradiância

Para aumentar a tensão ou a capacidade de corrente do painel solar, as células fotovoltaicas podem ser ligadas em série ou em paralelo. Se os painéis do conjunto forem ligados em série, a tensão aumenta e se forem ligados em paralelo, a corrente aumenta.

4.4. Energia eólica

O diagrama de blocos do gerador de turbina eólica é apresentado na Fig. 4.4. O bloco da turbina eólica consiste no conversor que converterá a energia eólica em eletricidade e o controlador controlará a magnitude da eletricidade no valor nominal da bateria.

Figura 4.4: Diagrama de blocos do armazenamento de energia eólica

Nesta parte, o ar gira a turbina eólica e gera tensão que carrega a bateria através do controlador.

Gráfico do sistema de energia eólica

Energia eólica disponível, $P = \frac{1}{2}\rho A v^3$ (1)

No Bangladesh, a densidade média do ar, $\rho = (1.21\frac{Kg}{m^3} - 1.30\frac{Kg}{m^3})$ [41]

Velocidade média do vento, v = 2 ms^{-1} - 4,5 ms^{-1}

Raio da pá da turbina eólica, r = 0,18m

O gráfico traçado é para um gerador de energia eólica (5w).

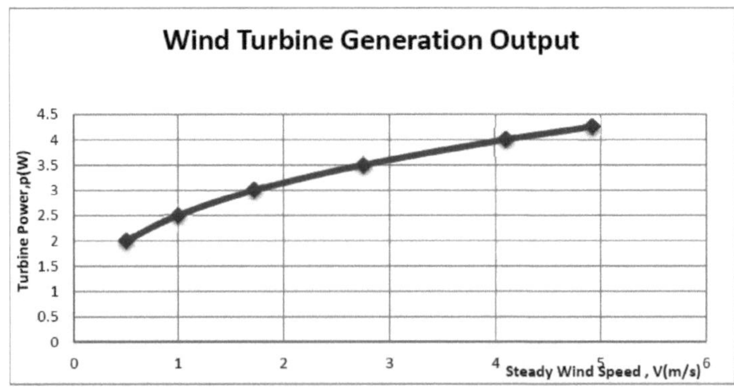

Figura 4.5: Gráfico do sistema de energia eólica

Com a velocidade do vento na Fig. 4.5, verifica-se que o valor da potência gerada está a aumentar. O gráfico foi efectuado na ferramenta Microsoft Excel onde os pontos de dados foram obtidos a partir da explicação matemática dada acima na equação n.º (1).

4.5. Pressão da plantadeira humana

O diagrama de blocos do gerador elétrico de pressão da plantadeira humana, a que até agora chamámos gerador piezoelétrico, é apresentado na Fig. 4.6. Nesta fase, não foi feita qualquer simulação, tratando-se de um sistema experimental. Observamos diretamente o resultado e o desempenho do sistema a partir da sua implementação na vida real, que foi satisfatória e será discutida em pormenor na secção 4.10

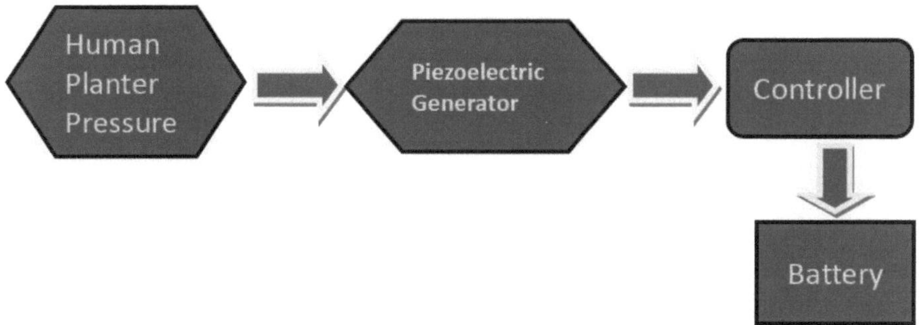

Figura 4.6: Diagrama de blocos do gerador piezoelétrico

Na secção 4.6, será demonstrada a implementação de todo o sistema. A implementação foi iniciada com a instalação do painel solar. A instalação do painel solar foi a parte mais fácil do projeto, uma vez que este está disponível no mercado. Não foi necessário qualquer controlador porque a produção era bastante estável. Em seguida, foi construída a turbina eólica e surgiram alguns problemas que serão discutidos na secção seguinte. Entre todas as implementações de hardware, a parte comparativamente mais difícil foi a implementação do gerador piezoelétrico. Foram tomadas precauções devido à fragilidade da construção dos sensores piezoeléctricos. Foram tomadas algumas medidas de tentativa e erro para melhorar a sensibilidade do gerador piezoelétrico.

4.6. Diagrama de blocos geral

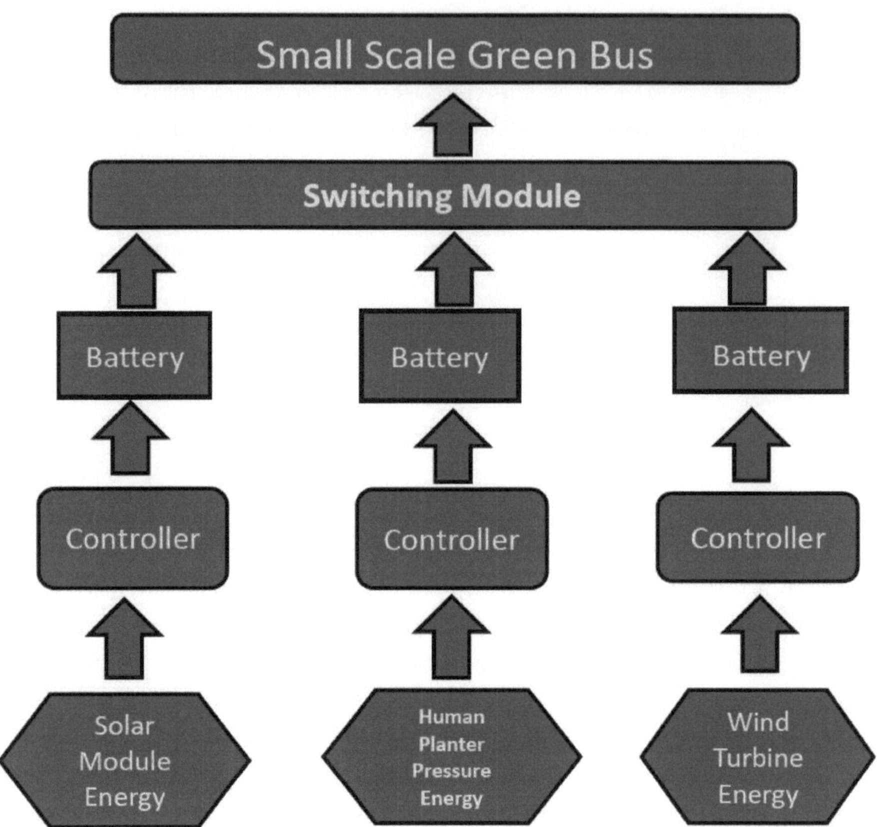

Figura 4.7: Diagrama de blocos geral do armazenamento e distribuição de energia para três fontes renováveis

Na figura acima (Fig.4.7), a tensão de saída do módulo solar vai para a bateria através do controlador e depois para o módulo de comutação. Mas, no nosso projeto, não utilizámos qualquer controlador para o módulo solar porque se trata apenas de um painel solar de 5W, pelo que, no período máximo de tempo, fornece uma potência constante de 5W. Mas de (10W para cima) todos os módulos solares precisam de um controlador para carregar uma bateria. A tensão de saída do sistema de pressão da plantadeira humana irá para a bateria através do controlador e depois para o módulo de comutação. A tensão de saída da turbina eólica também vai para a bateria através do controlador e depois para o módulo de comutação. Depois disso, estas três baterias fornecerão energia ao autocarro verde de pequena escala, uma a uma, para funcionar. O principal objetivo do módulo de comutação é mudar a fase das baterias de uma para outra quando estas não têm a carga ou a potência mínimas necessárias.

No nosso projeto, não conseguimos conceber um módulo de comutação para fornecer energia de saída, uma a uma, a partir das baterias. Porque o nosso projeto tem três fontes de energia diferentes, é muito complicado conceber este tipo de circuito de módulo de comutação perfeitamente neste curto espaço de tempo. É por isso que vamos manter este circuito como nossa investigação futura.

4.7. Implementação de hardware

4.7.1. Execução do painel solar

Passo 1: Primeiro, selecionámos este painel solar de 5W para o nosso projeto.

Figura 4.8: Painel solar

Passo 2: Painel solar mantido à luz do sol.

Figura 4.9: painel solar à luz do sol

4.7.2. Tensão de saída do painel solar

Obtivemos cerca de 7,61 V do painel solar.

Figura 4.10: Tensão de saída do painel solar

4.7.3. Corrente de saída do painel solar

Obtivemos cerca de 0,9 A do painel solar.

Figura 4.11: Corrente de saída do painel solar

4.8. Execução da turbina eólica

Passo 1: Utilizar a lâmina de serra para cortar o tubo de PVC de 4" de diâmetro.

Figura 4.12: Tubo de PVC de 4". Tubo de PVC

Passo 2: Depois de cortar o tubo de PVC de 4" de diâmetro em 4 peças idênticas.

Figura 4.13: Pedaços de PVC

Etapa 3: Cortar o PVC plano em 4 partes iguais.

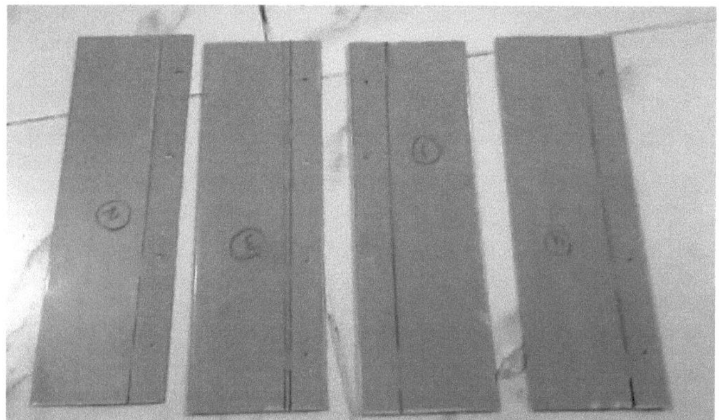

Figura 4.14: Folha de PVC plana.

Passo 4: Fazer um furo na folha de PVC com um berbequim manual.

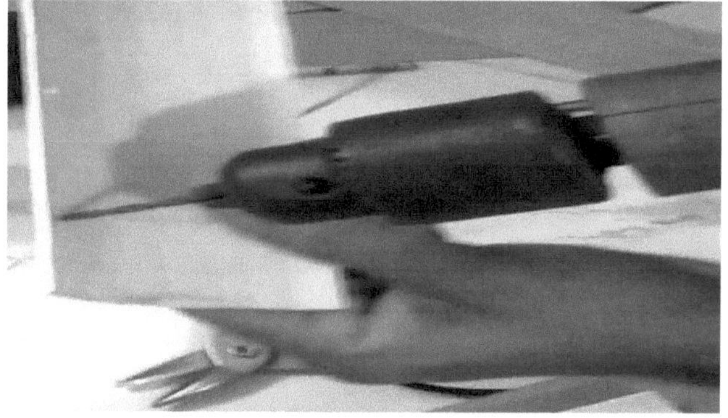

Figura 4.15: Berbequim manual

Etapa 5: Juntar a folha e o tubo de PVC com uma porca e um parafuso.

Figura 4.16: Folha e tubo de PVC

Figura 4.17: Pá da turbina

Etapa 5: Unir a lâmina da turbina com um ângulo.

Figura 4.18: Pá da turbina com cubo

Passo 6: Pegue neste tubo e no albo para fazer um suporte para apoiar a turbina eólica.

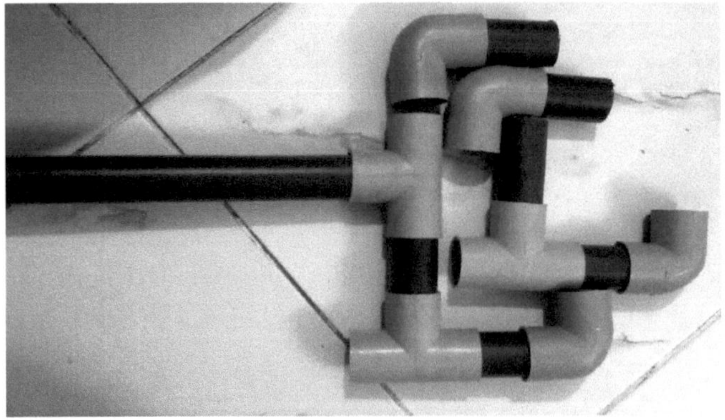

Figura 4.19: Tubos e albos

Passo 7: Montagem do motor com o suporte da turbina.

Figura 4.20: Motor com suporte de turbina

Etapa 8: Implantação completa da turbina eólica.

Figura 4.21: Turbina eólica

4.8.1. Produção da turbina eólica

Obtivemos cerca de 10,66 V da turbina eólica através da aplicação de uma ventoinha para peões.

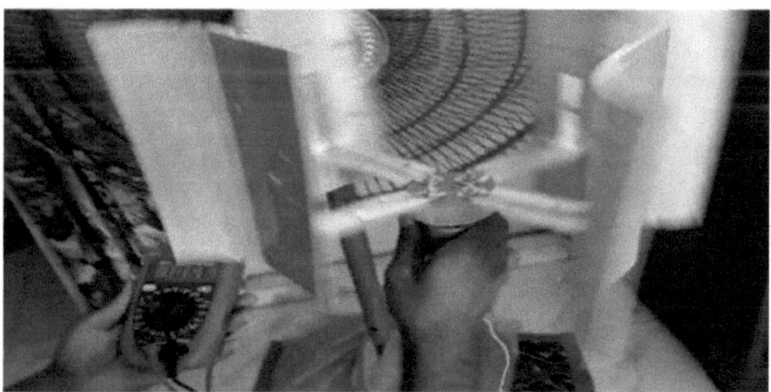

Figura 4.22: Tensão de saída da turbina eólica

4.8.2. Corrente de saída da turbina eólica

Obtivemos aproximadamente 0,2A da turbina eólica aplicando uma ventoinha para peões.

Figura 4.23: Corrente de saída da turbina eólica

4.9. Execução da pressão da plantadeira humana

Passo 1: Pegamos no transdutor elétrico de 6 piezoeléctricos e fixamo-los em série numa placa rígida utilizando uma pistola de cola.

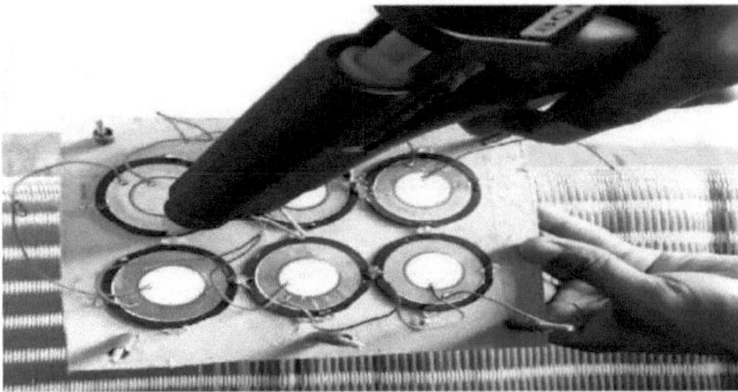

Figura 4.24: Fixação do transdutor piezoelétrico

Passo 2: Depois de fixar o piezoelétrico e a mola na placa rígida.

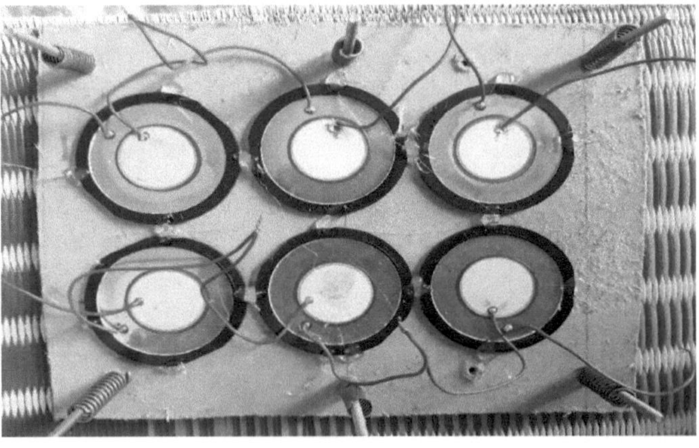

Figura 4.25: Vista superior do transdutor piezoelétrico.

Passo 3: Depois de fixados todos os componentes, a pressão da plantadeira humana ficou com este aspeto.

Figura 4.26: Pressão da plantadeira humana

4.9.1. Tensão de saída da pressão da plantadeira humana

Passo 1 da pressão do pé: Pressão de saída da plantadora humana através da aplicação da força do pé humano para uma pessoa de 58 kg.

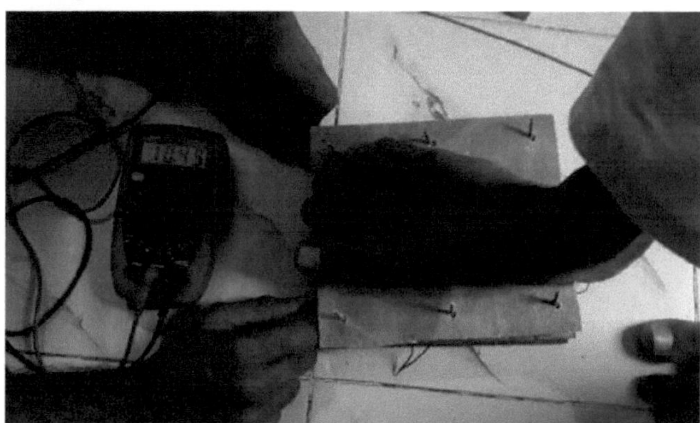

Figura 4.27: Tensão de saída da pressão da plaina humana para uma pessoa de 58 kg.

Pressão do pé passo 2: Tensão de saída no sensor piezoelétrico para uma pressão de passo de 53 kg.

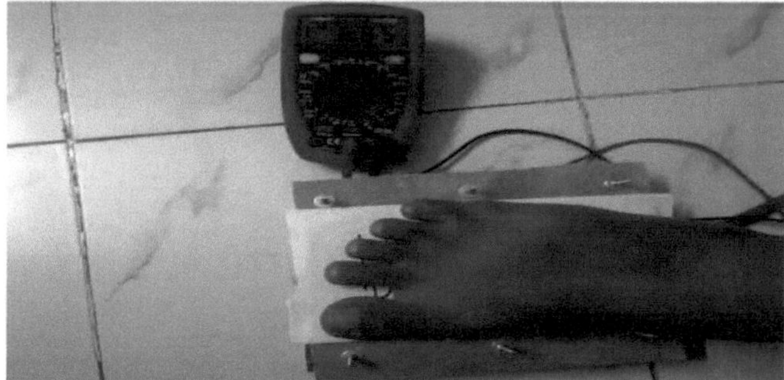

Figura 4.28: Tensão de saída da pressão da plantadeira humana para uma pessoa de 53 kg.

Pressão do pé passo 3: Tensão de saída no sensor piezoelétrico para uma pressão de passo de 61 kg.

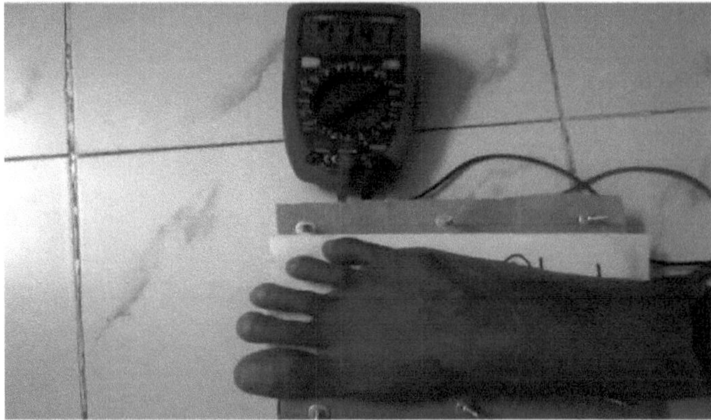

Figura 4.29: Tensão de saída da pressão da plaina humana para uma pessoa de 61 kg.

4.9.2. Corrente de saída da pressão da plantadeira humana

Passo 1 da pressão do pé: Corrente de saída da pressão da plantadeira humana aplicando a força do pé humano para uma pessoa de 58 kg.

Figura 4.30: Corrente de saída da pressão da plaina humana para uma pessoa de 58 kg

Pressão do pé passo 2: Corrente de saída no sensor piezoelétrico para uma pressão do pé de uma pessoa de 53 kg.

Figura 4.31: Corrente de saída da pressão da plaina humana para uma pessoa de 53 kg.

Pressão do pé passo 3: Corrente de saída no sensor piezoelétrico para uma pressão do pé de uma pessoa de 61 kg.

Figura 4.32: Corrente de saída da pressão da plaina humana para uma pessoa de 58 kg

4.10. Construção de toda a carroçaria do autocarro verde

Etapa 1: Comprimento de 23", largura de 13", foram fixadas quatro peças de madeira para formar o chassis do protótipo.

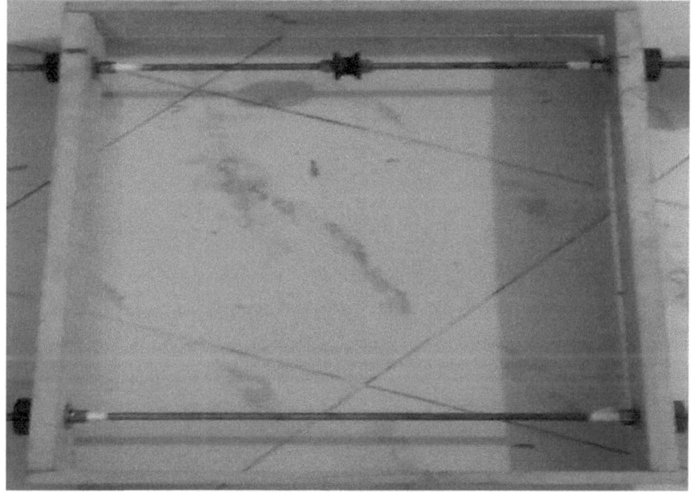

Figura 4.33: Estrutura do quadro

Etapa 2: Colocação do rolamento e da barra no chassis.

Figura 4.34: Rolamento e haste no interior da estrutura

Etapa 3: Introduzir as rodas de madeira feitas à mão na barra

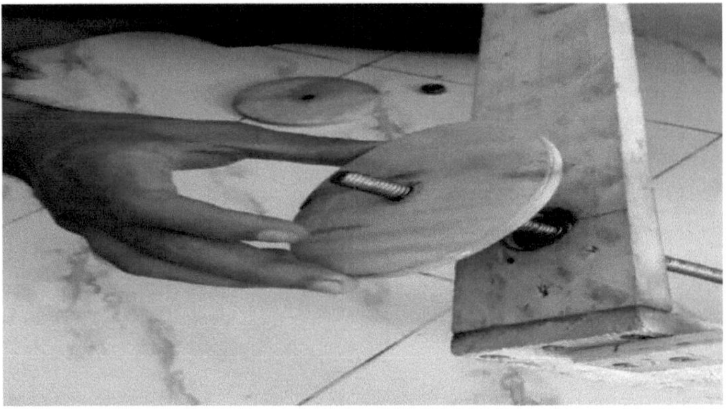

Figura 4.35: Fixação das rodas no varão do chassis

Passo 4: Fixar todas as rodas, a roldana na barra e o pau de madeira à volta do chassis.

Figura 4.36: Vista superior do chassis concluído

Etapa 5: Montagem do motor de 24V DC com polia, utilizando uma correia no veículo protótipo.

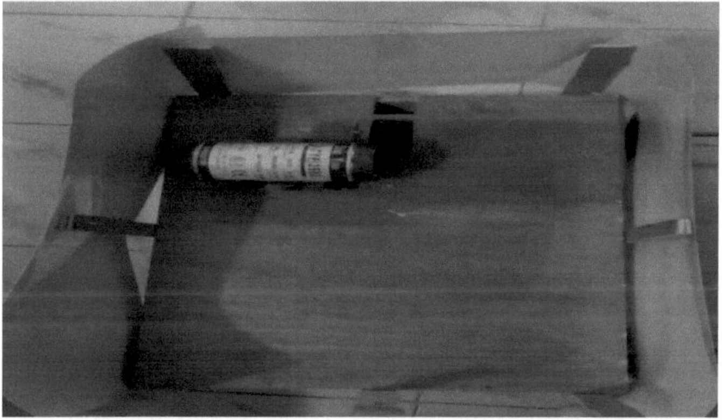

Figura 4.37: Fixação do motor de 24V dc com polia no chassis

Etapa 6: Protótipo completo de veículo ecológico com motor de 24V DC, rodas, tejadilho, cobertura lateral, turbina eólica, painel solar, sensor de pressão de plantador humano, baterias, etc.

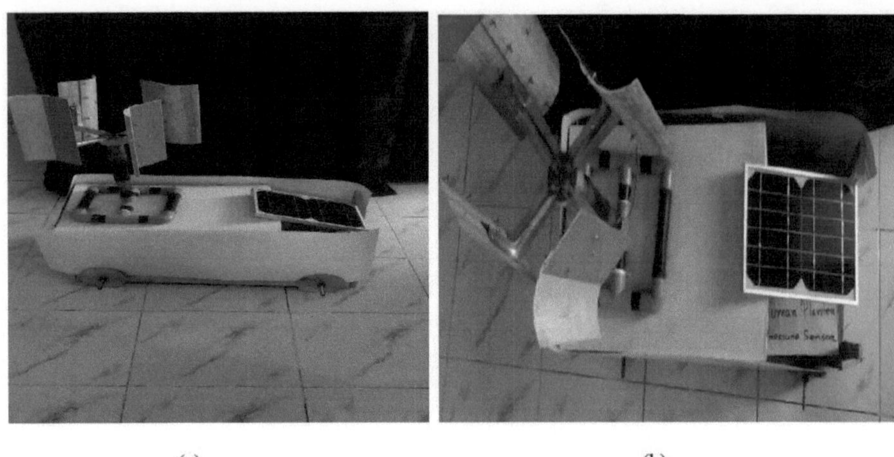

(a) (b)

Figura 4.38: Modelo completo de autocarro verde em pequena escala. (a) Vista lateral (b) Vista superior.

Tensões de saída, correntes de saída e potências de saída de diferentes fontes

Tabela 1 Tensões de saída, correntes de saída e potências de saída

Fonte	Tensão de saída (V)	Corrente de saída(I)	Potência de saída (W)
Solar	7.16	0.9	6.444
Vento	10.66	0.2	2.132
Pressão da plantadeira humana	9.47	0.57	5.40

4.11. Circuito indicador de carga

Desenvolvemos um circuito indicador de carga para observar a carga disponível numa bateria. Utilizámos um potenciómetro, 10 LEDs e o IC LM 3914 para construir este circuito.

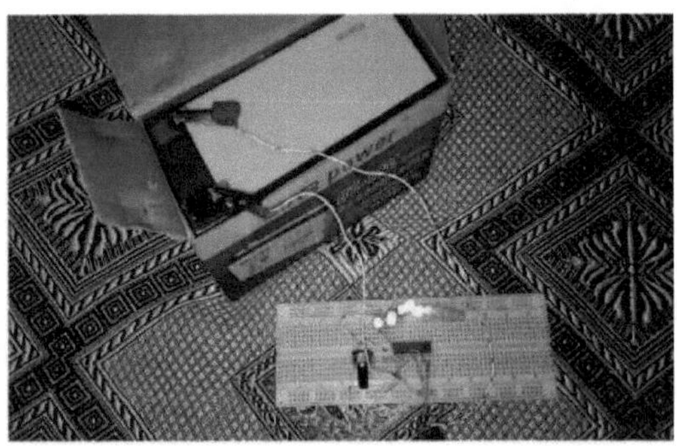

Figura 4.39: Circuito indicador de carga

4.12. Circuito regulador de tensão

No nosso projeto, o vento e o sistema de sensores de pressão do plantador humano não fornecem uma tensão constante. Por isso, para carregar as baterias, precisamos de uma tensão constante. É por isso que projectámos um circuito regulador de tensão no software MULTISIM que dará uma saída constante de 5v para diferentes tensões de entrada. Para este circuito, utilizámos o IC LM7805, um condensador, etc.

Para uma entrada de 10 V, estamos a obter uma saída de 5 V.

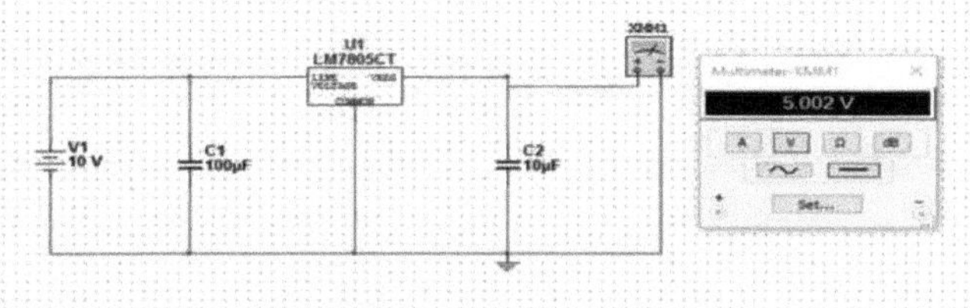

Figura 4.40: Saída para entrada de 10V

Para uma entrada de 12 V, estamos a obter uma saída de 5 V.

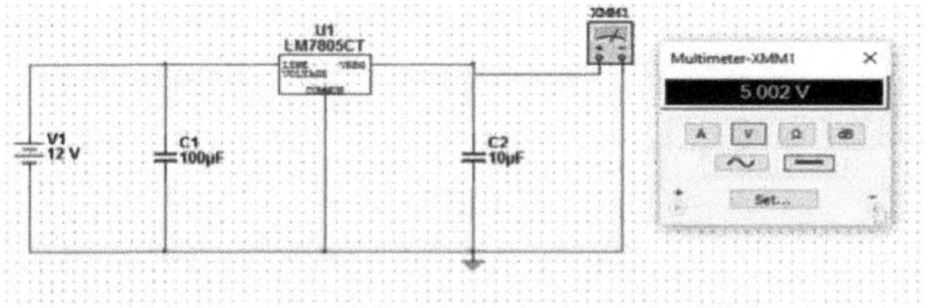

Figura 4.41: Saída para entrada de 12V

Para uma entrada de 20 V, estamos a obter uma saída de 5 V.

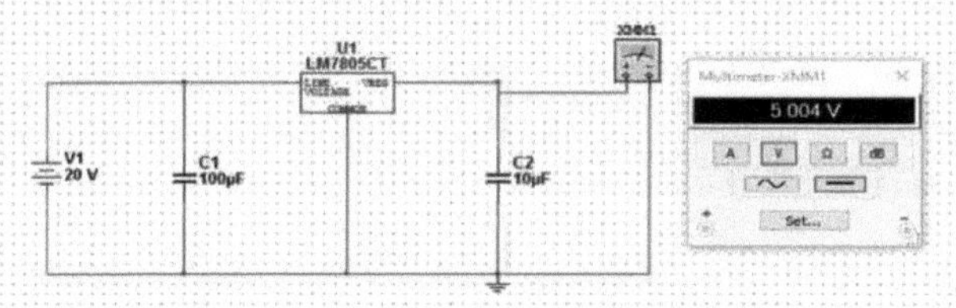

Figura 4.42: Saída para entrada de 20V

4.13. Resumo

Neste capítulo, mostramos o procedimento do nosso projeto, o diagrama de blocos, o resultado do projeto, a tensão de saída, a corrente de saída, a potência e também calculamos o resultado.

Capítulo 5

Discussão e conclusão

5.1. Discussões

O Bangladesh é um país pequeno, mas tem um grande número de populações, razão pela qual este tipo de projeto é perfeito para o Bangladesh porque é amigo do ambiente. Além disso, sabemos que o estado da economia do Bangladesh não é suficiente, razão pela qual um país em desenvolvimento como o Bangladesh pode utilizar este tipo de projeto, porque é muito mais rentável do que qualquer outro projeto de energia renovável utilizado para veículos ecológicos. Ao utilizar este tipo de projectos, podemos diminuir a dependência dos recursos naturais. Além disso, estes projectos não causam qualquer dano ao nosso ambiente, pois emitem 0% de carbono para o ar.

Ao examinar a energia de saída da turbina eólica de eixo vertical, obtivemos uma tensão notável (10,6V-12,3V) mas uma corrente muito baixa (cerca de 0,2A) devido a um erro. Este erro pode ser minimizado no futuro através da utilização de tecnologias adequadas, mas não é possível encontrar esta solução no nosso projeto.

No painel solar, não utilizámos qualquer controlador de carga para carregar a bateria, uma vez que se trata apenas de um painel solar de 5W e dá constantemente a saída máxima.

No nosso projeto, não conseguimos conceber um módulo de comutação para fornecer energia de saída, uma a uma, a partir das baterias. Porque o nosso projeto tem três fontes de energia diferentes, é muito complicado conceber este tipo de circuito de módulo de comutação perfeitamente neste curto espaço de tempo. É por isso que vamos manter este circuito como nossa investigação futura. Assim, para executar o nosso autocarro verde, ligámos três baterias em série para obter uma saída temporária.

Este projeto pode causar dois tipos de problemas. Em primeiro lugar, na estação das chuvas, este tipo de projeto pode estar enferrujado porque a irradiância solar será baixa nessa altura, pelo que a produção solar pode ser baixa. Em segundo lugar, durante o período de baixa velocidade do vento, a produção de energia deve ser baixa. Assim, para ultrapassar estes problemas, podemos carregar as baterias com eletricidade da rede durante algumas horas.

5.1.1. Necessidade de energia de um barramento

Dimensões

Comprimento - 10,42m

Largura - 2,48m

Altura - 3,06m

Peso - 31,480kg (Curb)

Desempenho

Potência nominal do motor - 36 kW

Potência máxima do motor - 160 kW

Potência de carga - 36 kW

Velocidade - 76 km/h

Capacidade de licenciatura - 12,5%

Neste caso, a potência necessária é a de um autocarro grande e comprido, com 10,42 m de comprimento e 2,48 m de largura. Este autocarro tem ar condicionado, Wi-Fi, pinos USB para carregar o telemóvel, etc. É por isso que o seu consumo de energia é elevado. Mas o nosso projeto é para a situação do Bangladesh. Estamos a pensar num miniautocarro com 6 a 7 metros de comprimento e 2 a 2,5 metros de largura e que não terá ar condicionado, nem Wi-Fi ou pinos USB. Assim, a taxa de consumo de energia será reduzida em cerca de 60% a 65%. [42]

5.2. Sugestões para trabalhos futuros

No futuro, este projeto pode ser utilizado para vários tipos de veículos e também pode gerar mais energia através deste tipo de projeto. Alguns dos objectivos podem ser:

1. Podemos fornecer acesso Wi-Fi gratuito e uma porta USB no veículo.

2. Se, em qualquer circunstância, não obtivermos a energia necessária, podemos manter um sistema de reserva.

3. Também pode ser instalado um sistema automático de bilhetes.

4. O veículo completo pode ser totalmente climatizado.

5. Podemos instalar painéis solares na janela para obter mais energia.

5.3. Conclusões

O principal objetivo deste projeto é conceber um protótipo de veículo que funcione sem utilizar qualquer combustível fóssil (octano, gasolina, gasóleo, gás). Funcionará através de fontes renováveis, tais como a energia solar e a energia eólica, e também com a pressão da planta humana. O Bangladesh é um dos países mais populosos do mundo. Consequentemente, é necessário um grande número de veículos para o sistema de transportes. A maioria dos veículos utiliza gasolina, octanas, gasóleo, gás, etc. para funcionar. Estes recursos são dispendiosos e não estão muito disponíveis. Com exceção do gás, todos os outros combustíveis são importados do estrangeiro, pelo que todos os anos o Governo concede subsídios e regista perdas. Para além disso, a queima destes elementos causa danos ao nosso ambiente. Assim, neste projeto, decidimos minimizar a utilização destes combustíveis para reduzir a poluição e os custos e desenvolvemos este protótipo de veículo ecológico. Assim, se conseguirmos utilizar este projeto sem falhas no Bangladesh, será uma solução infinita para o sistema de transportes do nosso país.

Os resultados experimentais deste projeto mostram que estamos a obter uma quantidade suficiente de tensão e corrente (7,61V e 0,9A) do painel solar de 5W. Por outro lado, na turbina eólica de eixo vertical, obtivemos uma tensão notável (10,6V a 12V), mas uma corrente muito baixa (cerca de 0,2A) devido a algum erro. Para obter uma saída constante, desenvolvemos um circuito regulador de tensão utilizando o IC LM7805 e um condensador. Neste projeto, desenvolvemos um sistema chamado sensor piezoelétrico para gerar eletricidade a partir da pressão da planta humana. Este sistema pode ser desenvolvido de muitas maneiras muito mais eficientes no futuro, apenas tentamos mostrar a sua aplicação neste veículo através de uma versão em miniatura. Para obter uma saída constante, utilizámos um circuito regulador de tensão.

Para uma saída de corrente baixa, o tempo de carregamento da bateria da turbina eólica e do sensor de pressão piezoelétrico é um pouco mais longo, mas pode ser reduzido através de uma afinação fina ou do desenvolvimento de novas tecnologias. Para realizar este projeto, as condições dadas devem ser preenchidas na íntegra:

> As pás da turbina têm de ser de eixo vertical.

> A folga do parafuso para todos os sensores piezoeléctricos tem de ser a mesma, caso contrário haverá um circuito aberto e não será gerada qualquer saída.

> A última e mais importante coisa é ajustar perfeitamente o motor DC com a polia através de uma correia elástica.

Por fim, queremos dizer que foi uma grande experiência para todos nós trabalharmos juntos numa obra completa. Neste trabalho, tivemos um vislumbre do ambiente de equipa competitivo que vamos enfrentar na nossa carreira profissional. A orientação do nosso supervisor foi construtiva e, ao mesmo tempo, inspiradora, o que nos deu confiança na nossa futura carreira.

APÊNDICE

A 1. Códigos de simulação MATLAB para a temperatura solar

```
%I-V Characteristic of PV module for variable temperature

clc;
clear all;
K=1.38065e-23;          %Boltzman Constant
q=1.602e-19;            %Charge of electron
ISCr=2.55;              %Nominal Short Circuit Current
Voc=21.24;              %Nominal Open Circuit Voltage
Ki=0.0017;              %Temperature Current Constant
Ns=36;                  %Number of Series Connected Cells
Tref=25+273;            %Nominal Temperature
Gn=1000;                %Nominal Irradiance
A=1.6;                  %Diode Ideality Constant
Eg=1.11;                %Energy Band Gap of Silicon
Rs=0.221;               %Series Resistance
RSH=415.405;            %Shunt Resistance
lamda=1000;             %Actual Irradiance

T=[298 323 348];              %Operating Temperature


n=length(T);



v=[21.24:-0.1:0];
I=zeros(n,length(v));
P=zeros(n,length(v));



 for i=1:n
```

```
    VT=Ns*(K*T(i)/q);

    Irs= ISCr./(exp((q*Voc)./(Ns*K*A*Tref))-1);       %Reverse Saturation Current

    I0=Irs*((T(i)./Tref)^3)*(exp(((q*Eg)/(A*K))*((1/Tref)-(1/T(i)))));
%Saturation Current

    I(i,:)=(ISCr+Ki*(T(i)-Tref).*(lamda/Gn))-(I0.*(exp((v+I(i,1)*Rs)./(A*VT))-1))-
((v+I(i,1)*Rs)./RSH);
    P(i,:)=v.*I(i,:);

end
 figure (1)
hold on
grid on
title('I-V Characteristic Dependency on Temperature')
plot(v,I(1,:),'r', 'lineWidth',2)
plot(v,I(2,:),'k', 'lineWidth',2)
plot(v,I(3,:),'b', 'lineWidth',2)
legend('25 degree','50 degree', '75degree')
ylim([0 3])
xlabel('Voltage (volt)')
ylabel('Photo voltaic cell current (Ampere)')


 figure (2)
hold on
grid on
title('P-V Characteristic Dependency on Temperature')
plot(v,P(1,:),'r', 'lineWidth',2)
plot(v,P(2,:),'k', 'lineWidth',2)
plot(v,P(3,:),'b', 'lineWidth',2)
legend('25 degree','32 degree', '38 degree')
ylim([0 50])
xlabel('Voltage (volt)')
ylabel('Photo voltaic cell Power (Watts)')
```

A 2. Códigos de simulação MATLAB para a irradiância solar

```
%I-V Characteristic of PV module for variable irradiation


clc;
clear all;
K=1.38065e-23;              %Boltzman Constant
q=1.602e-19;                %Charge of electron
ISCr=2.55;                  %Nominal Short Circuit Current
Voc=21.24;                  %Nominal Open Circuit Voltage
Ki=0.0017;                  %Temperature Current Constant
Ns=36;                      %Number of Series Connected Cells
T=25+273;                   %Operating Temperature
Tref=25+273;                %Nominal Temperature
Gn=1000;                    %Nominal Irradiance
A=1.6;                      %Diode Ideality Constant
Eg=1.11;                    %Energy Band Gap of Silicon
Rs=0.221;                   %Series Resistance
RSH=415.405;                %Shunt Resistance

lamda=[200 600 1000];                 %Actual Irradiance
v=[21.24:-0.1:0];
n=length(lamda);

VT=Ns*(K*T/q);

I=zeros(n,length(v));
P=zeros(n,length(v));


for i=1:n

    Irs= ISCr./[exp((q*Voc)./(Ns*K*A*Tref))-1];       %Reverse Saturation Current

    I0=Irs*[(T/Tref)^3]*[exp(((q*Eg)/(A*K))*((1/Tref)-(1/T)))];           %Saturation
Current
```

```
    I(i,:)=[ISCr+Ki*(T-Tref)]*(lamda(i)/Gn)-I0*(exp((v+I(i,1)*Rs)/(A*VT))-1)-
((v+I(i,1)*Rs)/RSH);
    P(i,:)=v.*I(i,:);


end
 figure (1)
hold on
grid on
title('I-V Characteristic Dependency on Irradiance')
plot(v,I(1,:),'r', 'lineWidth',2)
plot(v,I(2,:),'k', 'lineWidth',2)
plot(v,I(3,:),'b', 'lineWidth',2)
legend('200 W/sqm','600 W/sqm', '1000 W/sqm')
ylim([0 3])
xlabel('Voltage (volt)')
ylabel('Photo voltaic cell current (Ampere)')


 figure (2)
hold on
grid on
title('P-V Characteristic Dependency on Irradiance')
plot(v,P(1,:),'r', 'lineWidth',2)
plot(v,P(2,:),'k', 'lineWidth',2)
plot(v,P(3,:),'b', 'lineWidth',2)
legend('200 W/sqm','600 W/sqm', '1000 W/sqm')
ylim([0 50])
xlabel('Voltage (volt)')
ylabel('Photo voltaic cell Power (Watts)')
```

A 3. Classificação do painel solar

Desh MODEL: AZ-555+W SLOAR PANEL

SOLAR CELL BOARD MODULE PARAMETER

Peak power (Pm)	5W
Working voltage (Vm)	5.88V
Working current (Im)	0.85A
Open circuit voltage (Voc)	7.08V
Short circuit current (Isc)	0.96A
Weight (W)	0.60kg
Test condition	AM1.5 1000W/m² 25°C

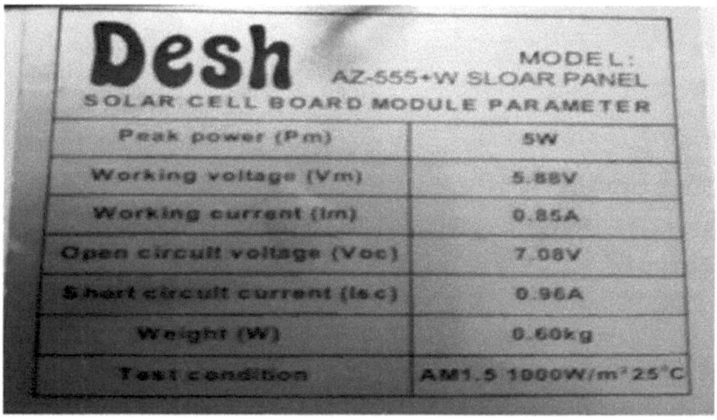

Figura A1: Classificação do painel solar

A 4. Custo total do nosso projeto

Para completar todo o nosso projeto, comprámos muitos componentes dispendiosos, como painéis solares, baterias, madeira, placas de pvc, motor de 24v dc, sensores piezoeléctricos, rolamentos, varetas, etc. Assim, a despesa total do nosso projeto é de aproximadamente 15.000 Taka.

REFERÊNCIAS

[1] .G. Technology, "O que é a tecnologia verde?", em http://www.green-technology.org/, 2015. [Online]. Disponível: http://www.green-technology.org/what.htm. Acedido: 20 out. 2016.

[2] . U. EPA e Agência de Proteção do Ambiente, "Green vehicle guide", em www.epa.gov, 2016. [Online]. Disponível: https://www.epa.gov/greenvehicles. Acedido: 11 nov. 2016

2015. . A. Point, "Problems of transport system of Bangladesh," in www.assignmentpoint.com, Assignment Point, 2015 [Online]. Disponível: http://www.assignmentpoint.com/arts/law/problems-transport-system-bangladesh.html. Acedido: Nov. 03, 2016.

[3] . A. W. Brunskill, "Brunskill. Feasibility of Electric Cars Powered by Renewable Energy". Guelph Engineering Journal, (2), 1 - 13. ISSN: 1916-1107," in http://www.soe.uoguelph.ca, 2009. [Revista]. Disponível: http://www.soe.uoguelph.ca/webfiles/gej/articles/GEJ_002-001-013_Brunskill_Electric_Cars_and_Renewables.pdf. Acedido: 28 set. 2016.

[4] . Etcheverry, J., Gipe, P, Kemp, W., Samson, R., Vis, M., Eggertson, B., McMonagle, R., Marchildon, S., Marshall, D. 2004.[Journal] Smart generation: Powering Ontario with renewable energy. Fundação David Suzuki.

[5] .Clean. Technica, "Adelaide creates world's First solar-powered public transit system," in https://cleantechnica.com,CleanTechnica,2013.Available:https://cleantechnica.com/2013/09/11/adelaide-creates-worlds-first-solar-powered-public-transit-system/. Acedido: 20 de outubro de 2016.

[6] .T. TUESDAY, "TRANSPORTATION TUESDAY: Tindo, the solar-powered bus!", in http://inhabitat.com, 2012. [Em linha]. Disponível: http://inhabitat.com/transportation-tuesday-tindo-the-solar-powered-bus-arrives/. Acedido: 12 out. 2016.

[7] . "Bio-ônibus Geneco movido a dejectos humanos". Cdn.escapistmagazine.com. N.p., 2016. Web. 30 Nov. 2016.

[8] . "O icónico Volkswagen de 1966 alimentado por energia solar". C1cleantechnicacom-wpengine.netdna-ssl.com. N.p., 2016 Web. 30 nov. 2016.

[9] . "Kayoola green bus" http://answersafrica.com/uganda-manufactures-africas-first-solar-powered-bus.html N.p., 2016. Web. 29 Nov. 2016.

[10] "Dancer Bus, o autocarro urbano translúcido que é movido a vento" http://www.lifegate.com/people/news/dancer-bus-powered-by-wind. N.p., 2016. Web. 29 Nov. 2016.

[11] Green, Martin. "Thin-film solar cells: review of materials, technologies and commercial status". Journal of Materials Science: Materiais em Eletrónica. 18 (1 de outubro de 2007): 15-19. Acedido: 11 de novembro de 2016

[12] . "Folhas de matriz de sensores de pressão impressos fabricadas usando elementos piezoelétricos à base de poli (aminoácido)". *http://iopscience.iop.org*. N.p., 2016. Web. 30 Nov. 2016.

[13] . "12V DC Motor with gear box" http://www.dhgate.com/store/product/best-sales-new-100rpm-12v-for-dc- high-torque/375956671.html. N.p., 2016. Web. 30 set. 2016.

[14] . "Todo o Bangladesh até outubro de 2016 - Autoridade de transporte rodoviário de Bangladesh (BRTA)". Brta.gov.bd. N.p., 2016. Web. 29 Nov. 2016.

[15] . "Natural Gas consumption per year in Bangladesh"

https://www.researchgate.net/publication/270831290_Current_energy_scenario_and_future_prospect_of_renewable _energy_in_Bangladesh. N.p., 2016. Web. 18 Nov. 2016.

[16] . "Previsão da oferta e da procura de gás natural". *Lightcastlebd.com.* N.p., 2016. Web. 30 Nov. 2016.

[17] . "Renewable Energy Research". *http://univdhaka.academia.edu.* N.p., 2016. Web. 9 dez. 2016.

[18] . "Tempo e clima em Dhaka". *https://weather-and-climate.com.* N.p., 2016. Web. 29 Nov. 2016.

[19] "Radiação solar média nas seis divisões do Bangladesh". *www.researchgate.net.* N.p., 2016. Web. 30 Nov. 2016.

[20] Dr. Anawar. Hossain, "Wind Energy in Bangladesh," em http://www.sdnbd.org/, 2009. [Documento de investigação]. Disponível: http://www.sdnbd.org/wind.htm. Acedido: Nov. 03, 2016

[21] . Md. Alamgir Hossain Md. Raju Ahmed, "World Academy of Science, Engineering and Technology International Journal of Electrical, Computer, Energetic, Electronic and Communication Engineering .[Journal]Vol:7, No:11, 2013," in http://waset.org/, 2013.. Disponível: http://waset.org/publications/9997058/present- energy-scenario-and-potentiality-of-wind-energy-in-bangladesh. Acedido: 02 dez. 2016.

[22] Princípios de Materiais e Dispositivos Electrónicos,- S. O. Kasap.3rd Edição[Livro]. Piezoeletricidade. Capítulo 7.8.1 página (638-643).

[23] . Wali, R Paul (outubro de 2012). "Um nariz eletrônico para diferenciar flores aromáticas usando uma medição de ressonância piezoelétrica rica em informações em tempo real". Procedia Chemistry: 194 -202. doi:10.1016/j.proche.2012.10.146. N.p., 2016. Web. 5 Nov. 2016.

[24] . "O que são painéis solares?". *Qrg.northwestem.edu.* N.p., 2016. Web. 9 Out. 2016.

[25] Naimul Haq. A energia solar ilumina o Bangladesh. Al-Jazeera feature news (dezembro de 2011). http://www.aljazeera.com/indepth/features/2011/ 12/20111230112731633200.html

[26] . "PV Systems and Net Metering". Departamento de Energia. Arquivado do original em 4 de julho de 2008. Recuperado em 31 de julho de 2008.

[27] Wind and Solar System (2nd edition) [Livro], Mukund R.Patel,CRC press,USA.Chpter 4.1.2 Page 65-70 N.p., 2016. Web. 5 Nov. 2016.

[28] . Arthur Neslen, "Wind power is cheapest energy, EU analysis finds", in The Guardian, The Guardian, 2014, p.

1. [Em linha]. Disponível: https://www.theguardian.com/environment/2014/oct/13/wind-power-is-cheapest-energy-unpublished-eu-analysis-finds. Acedido: 21 nov. 2016.

[29] . "Wind Energy Variability and Intermittency in the UK" (Variabilidade e intermitência da energia eólica no Reino Unido). Claverton-energy.com. Arquivado do original em 25 de agosto de 2011.

[30] . "Turbina Eólica de Eixo Vertical (VAWT)_Turbina Eólica|Gerador de Energia Eólica|Qingdao Bofeng Wind Power Generator Co., Ltd.". *Bofengpower.com.* N.p., 2016. Web. 16 Nov. 2016.

[31] . "Motor DC ou Motor de Corrente Contínua | Electrical4u". *Electrical4u.com.* N.p., 2016. Web. 9 dez. 2016.

[32] . "DC Motor Or Diret Current Motor http://toolsbd.com/index.php?route=product/category&path=163_166. N.p., 2016. Web. 9 dez. 2016.

[33] . Kiran Daware, "Como funciona um motor DC?", em http://www.electricaleasy.com/, 2014. [Online]. Disponível:

http://www.electricaleasy.com/2014/01/basic-working-of-dc-motor.html. Acedido: 01 dez. 2016.

[34] "Transdutor Piezoelétrico - Grito de Quartzo", http://www.siongboon.com/projects/2007-11-29_touch_sensor/. N.p., 2016. Web. 2 Nov. 2016.

[35] . "Transdutor Piezoelétrico - Cristal de Quartzo, Efeito Piezoelétrico, Funcionamento, Vantagens". InstrumentaçãoElectrónica. N.p., 2016. Web. 30 Nov. 2016.

[36] . Fundamentos dos Reguladores de Tensão, "O que é um regulador de tensão", em http://www.analog.com/, 2016. Disponível: http://www.analog.com/en/products/landing-pages/001/fundamentals-of-voltage-regulators.html. Acedido: 25 nov. 2016.

[37] "A. & F. T. Andy Inc., "A&F Texas - corrente, roda dentada, rolamento e lubrificante," in http://aftexas.com/, 2016. [Online]. Disponível: http://Aftexas.com. Acedido: 28 set. 2016.

[38] Star Online Report, "Dhaka records highest temperature in 54 yrs," in http://www.thedailystar.net/, The Daily Star, 2014, p. 2. [Online]. Disponível: http://www.thedailystar.net/dhaka-records-highest-temperature-in-54-yrs- 21427. Acedido: 20 out. 2016

[39] Moinul Hoque Chowdhury Correspondente Sénior bdnews24.com, "Temperatura mais baixa em 4 décadas," em http://bdnews24.com/, bdnews24.com, 2013. Disponível: http://bdnews24.com/bangladesh/2013/01/09/lowest-temperature-in-4-decades. Acedido: 20 set. 2016.

[40] Apratim Roy (Vol.2, No.2, 2012) "Estimativa fiável da distribuição da densidade em potenciais locais de energia eólica do Bangladesh" [Jornal]. Dergipark.ulakbim.gov.tr. N.p., Fev. 2012.

[41] . "Power Requirement of a Bus", www.adelaidecitycouncil.com/tindo N.p., 2016. Web. 17 Nov. 2016.

[42] Asif Shaik, "O que é um potenciómetro?", em http://www.physics-and-radio-electronics.com, 2013. [Online]. Disponível: http://www.physics-and-radio-electronics.com/electronic-devices-and-circuits/passive-components/resistors/whatispotentiometer.html. Acedido: 22 out. 2016.

[43] Texas Instruments, "Descrição e parametria do IC LM3914," em http://www.ti.com, 2011. [Online]. Disponível: http://www.ti.com/product/LM3914. Acedido: 22 out. 2016

[44] E.glossary 2016, "What is light-emitting diode (LED)? - definição do WhatIs.com," in http://whatis.techtarget.com, WhatIs.com, 2005. [Online]. Disponível: http://whatis.techtarget.com/definition/light-emitting-diode-LED. Acedido: Nov. 12, 2016.

Printed by Books on Demand GmbH, Norderstedt / Germany